中国动物卫生状况报告

ANIMAL HEALTH IN CHINA

（2014）

农业部兽医局

中国农业出版社

图书在版编目（CIP）数据

中国动物卫生状况报告. 2014 / 农业部兽医局编. — 北京 : 中国农业出版社, 2016.1
ISBN 978-7-109-21546-7

Ⅰ. ①中… Ⅱ. ①农… Ⅲ. ①家畜卫生－研究报告－中国－2014 Ⅳ. ①S851.2

中国版本图书馆CIP数据核字(2016)第065816号

中国农业出版社出版
（北京市朝阳区麦子店街18号楼）
（邮政编码100125）
责任编辑　邱利伟　周锦玉

北京通州皇家印刷厂印刷　　新华书店北京发行所发行
2016年1月第1版　　2016年1月北京第1次印刷

开本：889mm×1194mm　1/16　印张：5.75
字数：130 千字
定价：68.00元

前言

2014年是全面深化改革的元年，各级兽医部门围绕“努力确保不发生区域性重大动物疫情，努力确保不发生重大农产品质量安全事件”目标，以绩效管理和“加强重大动物疫病防控”延伸绩效管理为抓手，坚持改革创新和依法行政，科学研判发展形势，积极创新工作思路、管理模式和工作措施，不断完善相关法律法规，着力做好动物防疫工作，突出抓好免疫、监测、应急处置等关键措施落实，动物疫情形势总体平稳，全年未发生区域性重大动物疫情，新发禽流感、口蹄疫等疫情均被迅速扑灭，科学有序应对H7N9流感，有效控制和扑灭再次传入的小反刍兽疫疫情，成功处置洪涝、泥石流、山体滑坡、超强台风等多起突发事件，有力地保障了养殖业生产安全、动物源性食品安全和公共卫生安全。推进动物疫病区域化管理，启动大东北地区免疫无口蹄疫区建设工作。不断深化兽医体制改革，推进全国屠宰监管职能调整，强化屠宰行业监管，完善畜禽屠宰统计监测制度，落实屠宰企业产品质量安全主体责任。加强兽医行政执法工作，启动“全国动物卫生监督‘提素质　强能力’行动”，推动建立病死动物无害化处理长效机制，强化病死动物无害化处理监管。强化投入品质量监管，扎实做好重大动物疫病疫苗等兽药质量监管，深入开展兽药专项整治、监督抽检、检打联动，全面实施兽药残留监控计划，深入开展抗菌药专项整治，开展兽药产品二维码追溯试点，严厉打击滥用药物的违法行为，动物产品质量安全水平进一步提升。继续开展官方兽医资格确认、全国执业兽医资格考试和执业兽医师资格考核工作，强化官方兽医、执业兽医和基层兽医队伍建设。继续深化兽医领域交流合作，加强与国际组织、有关国家和我国港澳台地区的交流合作，强化与周边国家跨境动物疫病联防联控机制建设，国内外交流合作取得新成果。

2015年是“十二五”收官之年，兽医工作任务更加繁重艰巨，各级兽医工作者要进一步解放思想、统筹谋划、深化改革、创新工作，切实抓好各项措施落实，合力开创兽医工作新局面，为推动中国兽医事业发展做出更大的贡献。

农业部兽医局局长

2015年1月

目 录

前 言

第一章
兽医体系

农业部是全国兽医行政管理部门，出入境动物及动物产品检疫由国家出入境管理机构统一管理。为了保障养殖业生产安全、动物源性食品安全、公共卫生安全和环境安全，中国政府不断强化兽医管理体制和机制建设，加快推进官方兽医和执业兽医制度实施。

一、兽医机构和组织

（一）兽医行政管理机构

国家在农业部设立国家首席兽医官。

农业部设立兽医局，具体负责全国动物疫病防治、动物疫情管理、动物卫生监督管理和监督执法、兽医医政和兽药药政药检、畜禽屠宰行业管理和中兽医管理等行政管理工作。兽医局内设综合处、医政处（农业部执业兽医管理办公室）、科技与国际合作处、防疫处、执法监督处、药政药械处和屠宰行业管理处等7个处室。具体职责见http://www.syj.moa.gov.cn/jieshao/zhineng/。

全国各省（自治区、直辖市）、市、县均设有兽医行政主管部门，负责辖区动物防疫、检疫、屠宰监管、兽医医政和兽医药政等

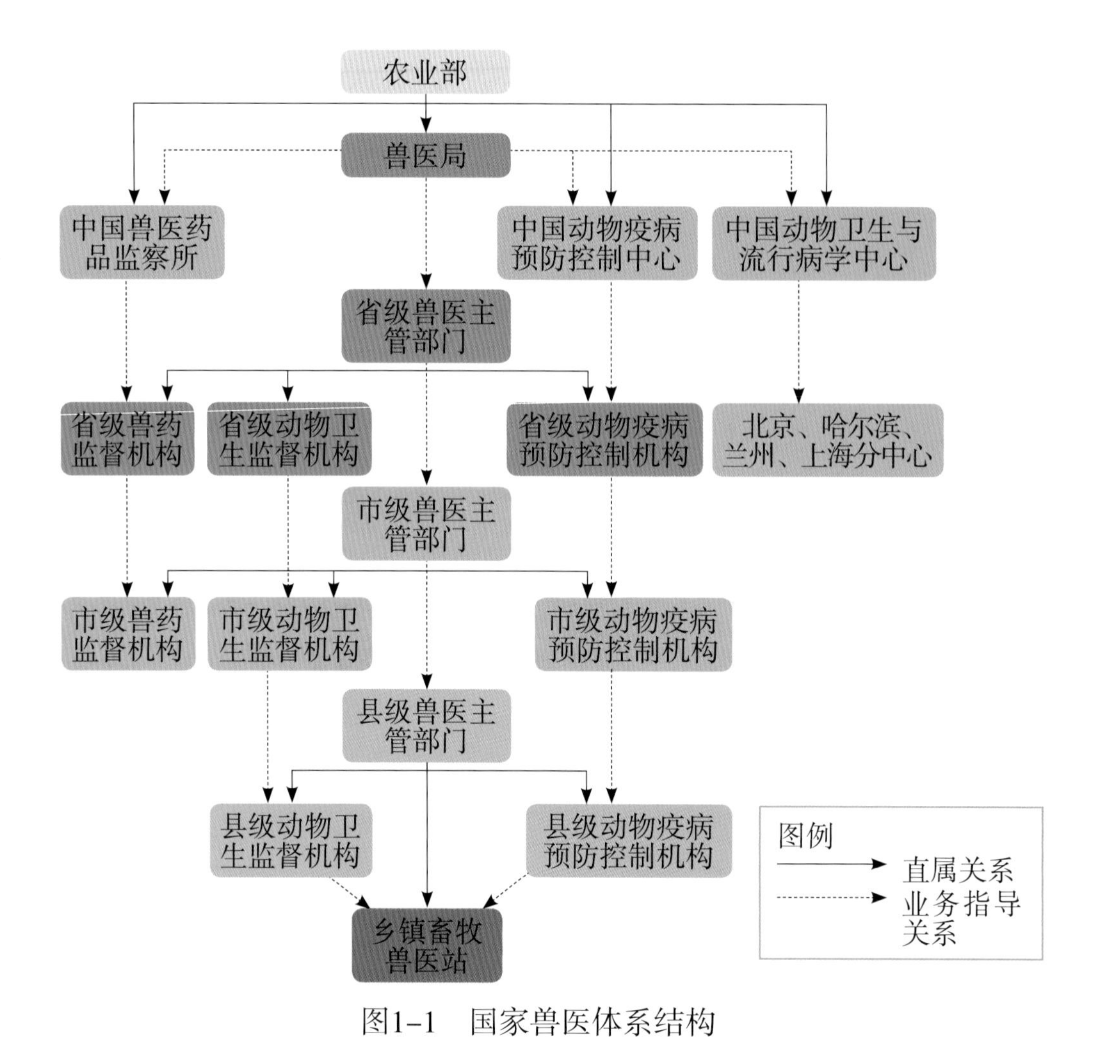

图1-1　国家兽医体系结构

兽医行政管理工作。截至2014年年底，全国省、市、县三级兽医行政管理机构约有3.4万名工作人员。

（二）兽医行政执法机构

县级以上地方人民政府设立动物卫生监督机构，负责动物及动物产品检疫和其他动物防疫相关的监督管理执法工作。据不完全统计，截至2014年年底，全国共设有省级动物卫生监督机构32个、市级动物卫生监督机构358个、县级动物卫生监督机构3 162个、县级派出机构22 681个，动物卫生监督机构总人数接近15万人，其中执法人员14.3万人。

（三）兽医技术支持体系

兽医技术支持机构主要承担动物疫病诊断、监测、流行病学调查、疫情报告和兽医药品、生物制品质量评价等兽医技术支持工作。

1. 国家级兽医技术支持机构

国家级兽医技术支持机构包括中国动物疫病预防控制中心、中国兽医药品监察所和中国动物卫生与流行病学中心3个农业部直属事业单位。

中国动物疫病预防控制中心（农业部屠宰技术中心）承担全国动物疫情分析处理、重大动物疫病防控、动物标识管理、畜禽产品质量安全检测、动物卫生监督业务指导、畜禽屠宰监管技术支撑等工作。

中国兽医药品监察所（农业部兽药评审中心）承担兽药评审、兽药兽医器械质量监督检验和兽药残留监控、菌（毒、虫）种保藏，以及兽药国家标准的制修订、标准品和对照品制备标定等工作。

中国动物卫生与流行病学中心承担重大动物疫病流行病学调查、诊断、监测，兽医卫生评估和动物及动物产品卫生质量监督检验，动物卫生法规标准和外来动物疫病防控技术研究等工作。协调北京、哈尔滨、兰州和上海4个分中心，以及全国各级各类兽医实验室开展流行病学调查工作。

此外，农业部在全国设立了304个国家动物疫情测报站，在边境地区设立了146个动物疫情监测站，开展指定区域内的疫情监测监控、流行病学调查等工作。

2. 地方兽医技术支持机构

全国各省及大部分市、县设立了动物疫病预防控制机构，承担动物疫病的监测、诊断、流行病学调查，以及其他预防控制等技术工作。截至2014年年底，全国省、市、县三级动物疫病预防控制机构工作人员约有3.5万人。

全国各省及部分市、县设立了兽药检验机构，承担兽药检验检测和监督检查等工作。目前全国共有32个省级兽药检验机构、171个市级兽药检验机构、289个县级兽药检验机构。

县级人民政府兽医主管部门按乡镇或区域设立乡镇畜牧兽医站，并以购买服务方式设置村级防疫员队伍，承担动物防疫、检疫协助和公益性技术推广服务职能。目前，全国设置乡镇畜牧兽医站30 380个，村级防疫员64.5万人。

（四）动物生产管理和技术推广机构

农业部设立畜牧业司（全国饲料工作办公室），负责全国畜牧业、饲料行业行政管理工作。省、市、县设有畜牧行政主管部门，负责辖区内的畜牧业、饲料业行政管理工作，参与全国疯牛病、痒病防控等相关工作。

农业部设有全国畜牧总站，承担全国畜牧业（包括饲料、草业、奶业）良种和技术推广、畜禽品种资源保护与利用管理、畜牧业质量管理与认证、饲料行业自律与行业评价等技术支持工作。省、市、县设有畜牧站。

（五）出入境检验检疫体系

动物及动物产品出入境检疫工作由国家质量监督检验检疫总局

负责。国家质量监督检验检疫总局内设有动植物检疫监管司和进出口食品安全局，分别负责出入境动植物及其产品和进出口食品、化妆品的检验检疫、监督管理和风险分析等。国家质量监督检验检疫总局对出入境检验检疫机构实施垂直管理，在全国各省（自治区、直辖市）和主要口岸设有35个直属出入境检验检疫局，在海陆空口岸和货物集散地设有近300个分支局和200多个办事处，共有检验检疫人员3万余人。

（六）兽医科研体系

中国兽医科研体系包括中央和地方两级。中央层面共有9个科研机构，分别归口农业部和国家质量监督检验检疫总局等指导管理（表1-1）。地方层面，多数省份设有畜牧兽医研究所，从事地方流行动物疫病防治技术研究等工作*。

为提升动物疫病防治和动物源性食品安全监管技术支撑能力，农业部还依托有关单位，设立了3个国家兽医参考实验室、4个国家兽医诊断实验室、4个国家兽药残留基准实验室；科学技术部在兽医领域批准建设3个国家重点实验室；农业部在兽医领域确定了综合性兽医重点实验室2个、专业性/区域性兽医重点实验室15个、农业科学观测实验站12个。OIE认可的参考中心共有15个（附件一）。

表1-1　中央层面兽医相关研究院所设置情况

单位名称	主要职能	官方网站
中国农业科学院哈尔滨兽医研究所	从事动物传染病的防治技术及其基础理论研究，在动物传染病的病原学、流行病学、发病机制、病理学、诊断学、免疫学、分子生物学技术等方面取得了显著的成绩，尤其是在动物流感、猪病、马病等研究方面具有显著优势	http：//www.hvri.ac.cn

* 兽医科研体系及科研成果详细情况见《中国兽医科技发展报告（2013—2014年）》。

（续）

单位名称	主要职能	官方网站
中国农业科学院兰州兽医研究所	以危害严重的动物烈性传染病和寄生虫病为主要研究对象，从事动物疫病的病原、诊断、免疫、预防等方面的基础、应用和开发研究，解决制约畜牧业的重大畜禽疫病可持续控制问题，保障畜牧业健康发展，尤其在草食动物疫病（特别是口蹄疫）研究上具有传统优势	http：//www.chvst.com
中国农业科学院上海兽医研究所	针对严重危害畜牧业生产的畜禽疫病和人畜共患病，开展前瞻性、关键性的预防控制技术及其基础理论研究	http：//www.shvri.ac.cn
中国农业科学院北京畜牧兽医研究所	开展动物遗传资源与育种、动物生物技术与繁殖、动物营养与饲料、草业科学和动物医学五大学科的应用基础、应用和开发研究，着重解决国家全局性、关键性、方向性、基础性的重大科技问题	http：//www.iascaas.net.cn
中国农业科学院兰州畜牧与兽药研究所	主要从事兽药创新、草食动物育种与资源保护利用、中兽医药现代化、旱生牧草品种选育与利用研究等基础研究和应用研究	http：//www.lzmy.org.cn
中国农业科学院特产研究所	以特种经济动植物为主要研究对象，围绕发掘、利用、保护珍贵、稀有、经济价值高的野生动植物资源，以家养、家植应用技术研究为主，深入开展应用基础和开发研究	http：//www.caastcs.com
中国农业科学院长春兽医研究所	在动物病毒学（特别是狂犬病）、细菌学、寄生虫学、动物性食品安全、生物毒素学、兽医药理毒理学、生物安全技术与装备等领域开展研究，有一定优势地位	http：//cvrirabies.bmi.ac.cn
中国检验检疫科学研究院动物检疫研究所	以检验检疫应用研究为主，同时开展相关基础、高新技术和软科学研究，着重解决检验检疫工作中带有全局性、综合性、关键性、突发性和基础性的科学技术问题，为国家检验检疫决策提供技术支持，并承担国家质检总局交办的相关执法的技术辅助工作	http：//www.caiq.org.cn
中国水产科学研究院黄海水产研究所	主要研究领域为海洋生物资源可持续开发与利用，包括海水增养殖、渔业资源与环境和渔业工程技术等	www.ysfri.ac.cn

（七）兽医高等教育体系

中国有中国农业大学等69所高校设有兽医学院或动物医学院（附件二），每年培养兽医毕业生近7 000名。其中，中国农业大学、西北农林科技大学、上海交通大学和浙江大学是“985”工程大学；

上述4所大学及南京农业大学、华中农业大学、东北农业大学、广西大学、西藏大学、西南大学、四川农业大学、青海大学、新疆石河子大学、宁夏大学等共14所大学是“211”工程大学。这些高校兽医学院或动物医学院既是中国兽医工作者的摇篮，也是中国兽医科研体系的重要组成部分，对提升中国兽医科技水平具有重要作用。

（八）学会、协会、专业技术委员会

国家在中央和地方层面设立兽医学会、协会和技术委员会等非政府组织，汇集各方力量共同促进全国动物卫生事业发展。国家层面主要有：

◆ 中国畜牧兽医学会成立于1936年，是由全国畜牧兽医工作者组成的全国学术性团体，主要开展国内外学术交流，促进国内、国际科技合作；同时，对国家畜牧兽医科技发展战略、政策和经济建设的重大决策提供科技咨询和技术服务。

◆ 中国兽医协会成立于2009年10月，主要从事协调行业内、外部关系，支持兽医依法执业，加强执业兽医行业自律，完善职业道德建设，规范执业兽医从业行为等工作。

◆ 中国兽药协会成立于1991年，是兽药领域进行行业自律、协调、服务和管理的组织，主要从事制定兽药行业行规行约，协助政府完善行业管理等工作。

◆ 全国动物卫生标准化技术委员会前身依次为全国动物检疫标准化技术委员会、全国动物防疫标准化技术委员会，初建于1991年，主要从事全国动物卫生技术标准化工作，负责全国动物疫病防控、动物产品卫生、动物卫生监督、动物疾病临床诊疗（伴侣

动物除外）、动物福利、兽医机构效能评估等动物卫生领域的技术标准化工作。

◆ 全国屠宰加工标准化技术委员会于2011年5月成立，负责兽医食品卫生质量及检验、畜禽屠宰厂（场）建设、屠宰厂（场）分级、屠宰车间和流水线设计、畜禽屠宰及加工技术、屠宰加工流程及工艺、屠宰及肉制品加工设施设备、无害化处理设备及工艺技术、非食用动物产品加工处理等专业领域的标准化工作。

◆ 中华人民共和国兽药典委员会成立于1986年，是组织制修订兽药国家标准的法定技术机构，下设6个专业委员会。主要负责制修订兽药国家标准，编印《中华人民共和国兽药典》，研究兽药标准相关重大课题，审查兽药国家标准制修订草案及兽药相关技术规范，参与相关国际专业组织技术交流等。

◆ 全国兽药残留专家委员会成立于1999年，是中国动物及动物产品兽药残留监控技术咨询机构。主要负责拟订、审议和修订国家动物及动物产品兽药残留监控计划，评估监控计划实施效果；审议兽药残留国家标准制修订计划，研究兽药残留标准相关重大课题；审查兽药残留国家标准制修订草案及兽药残留监控的相关技术规范；参与相关国际专业组织技术交流；承担食品安全国家标准审评委员会兽药残留专业分委员会的相关工作。

◆ 全国动物防疫专家委员会成立于2009年11月，是为国家动物疫病防控提供决策咨询和技术支持的专家组织。具体职责包括：会商、研判国内外疫情形势，并提出防控政策建议；评估现有防控措施，并提出调整、完善防控措施的建议；为重大防控决策提供咨询等。

◆ 全国动物卫生风险评估专家委员会成立于2007年11月，是依法开展动物卫生风险评估，为动物卫生风险管理提供决策咨询和技术支持的专家组织。具体职责包括：开展重大动物疫病、外来动物疫病和新发动物疫病的风险评估；动物卫生状况、动物及动物产品卫生安全风险评估等。

◆ 农业部兽药评审委员会成立于1991年，2005年后实行评审专家库管理形式。具体职责包括：依法对新兽药、新生物制品、国外企业申请注册兽药进行审评，并对已批准使用的兽药进行再评价。

◆ 农业部兽药GMP工作委员会成立于2001年，是组织制定和修订兽药GMP技术标准，开展审议咨询的法定专业技术机构。具体职责包括：审议兽药GMP规范、兽药GMP检查验收评定标准、兽药GMP检查验收办法；审议兽药GMP检查验收工作中的争议及申诉，提出处理意见等。

◆ 国家病原微生物实验室生物安全委员会。根据《病原微生物实验室生物安全管理条例》，国务院卫生主管部门和兽医主管部门会同国务院有关部门组织病原学、免疫学、检验医学、流行病学、预防兽医学、环境保护和实验室管理等方面的专家，组成国家病原微生物实验室生物安全专家委员会，承担从事高致病性病原微生物相关实验活动的实验室的设立与运行的生物安全评估和技术咨询、论证工作。

二、兽医队伍建设

（一）官方兽医队伍建设

农业部继续组织开展官方兽医资格确认工作，及时补充、调整官方兽医人员；继续开展官方兽医培训工作，举办全国官方兽医师资能力提升班。各地兽医部门按照农业部部署，开展官方兽医任命和培训工作。截至2014年年底，全国共确认官方兽医10万余人；培训官方兽医师资8 050名，累计培训官方兽医10.4万人次。此外，组织编制了《全国兽医人才队伍建设规划》，省、市、县按照计划开展培训，提升队伍素质。

（二）执业兽医队伍建设

全国执业兽医资格考试。农业部继续组织开展全国执业兽医资格考试，进一步加强执业兽医资格考试管理，创新考试组织形式，由试前审核改为试后审核，首次在西藏开展C类执业兽医资格证书试点工作，由全国执业兽医资格考试委员会单独划定西藏自治区执业兽医资格考试合格分数线。2014年，全国共有16 143人取得执业兽医资格，其中执业兽医师8 280人，执业助理兽医师8 063人。

执业兽医师资格考核。农业部按照《执业兽医管理办法》和《农业部关于做好对有关兽医人员考核授予执业兽医师资格工作的通知》（农医发〔2013〕15号）等要求，继续做好执业兽医师资格考核授予和审批等工作。2014年，共对符合条件的6 571名高级职称人员授予了执业兽医师资格。

（三）乡村兽医队伍建设

实行乡村兽医登记备案制度，截至2014年年底，全国登记的乡村兽医达到27.7万人。

对于村级防疫员，实行中央和地方补助政策。2014年中央财政落实基层动物防疫工作补助经费7.8亿元，各省根据自身经济状况和财力状况逐年提高补助额度。

三、兽医体系效能评估

兽医体系效能评估（PVS评估）是世界动物卫生组织（OIE）建立的用于评价一个国家（地区）兽医管理体制、兽医体系运行效能和质量水平的综合性国际标准，重在客观评价兽医体系整体能力，持续提升兽医体系整体效能。

2014年，按照OIE PVS评估工具，农业部组织开展了全国省级PVS自评估工作。评估主要内容包括人力、物力、财力资源，技术能力，利益相关方互动，以及市场准入等4个部分，46项关键能力指标。评估结果显示，中国兽医机构建设、兽医主管部门人员能力、兽医机构的稳定性和政策的连续性较好。

第二章

兽医法律法规

中国政府高度重视兽医法律法规建设。近年来兽医法律法规体系逐步完善，目前已建立起以《中华人民共和国动物防疫法》《中华人民共和国进出境动植物检疫法》为核心，以适应兽医工作发展需要制定颁布的行政法规、部门规章，以及地方性法规为补充的法律体系框架。其中，法律4部，行政法规8部，配套规章和技术规范30多个（表2-1）。

表2-1　兽医法律法规体系表

分类		名称	施行日期	主要内容
法律法规	法律	中华人民共和国动物防疫法	2008-01-01	对动物疫病的预防、动物疫情的报告通报和公布、动物疫病的控制和扑灭、动物和动物产品的检疫、动物诊疗、动物防疫监督管理等内容进行了明确规定
		中华人民共和国进出境动植物检疫法	1992-04-01	对检疫审批、进境、出境、过境、运输工具，带、邮寄物等有关环节和对象的检疫措施进行了具体规定
		中华人民共和国畜牧法	2006-07-01	对畜禽遗传资源保护、种畜禽品种选育与生产经营、畜禽养殖、畜禽交易与运输、畜禽产品质量安全保障等进行了具体规定
		中华人民共和国农产品质量安全法	2006-11-01	对农产品质量安全标准、农产品产地、农产品生产、农产品包装和标识，以及监督检查等进行了具体规定
	国务院法规	重大动物疫情应急条例	2005-11-18	对重大动物疫情的应急处置原则、应急准备、监测报告和公布、应急处理、法律责任等多个方面进行了详细规定

（续）

分类		名称	施行日期	主要内容
法律法规	国务院法规	病原微生物实验室生物安全管理条例	2004-11-05	对病原微生物的分类和管理、实验室的设立与管理、实验室感染控制以及监督管理等进行了具体规定
		兽药管理条例	2004-11-01	对新兽药的研制和审批，兽药的生产、经营、使用、进出口，兽药标签、广告及监督管理等方面进行了明确规定
		乳品质量安全监督管理条例	2008-10-06	对奶畜养殖、疫病防治、生产收购、运输环节等进行了具体规定
		生猪屠宰管理条例	2008-08-01	对生猪的定点屠宰、集中检疫及其监督管理进行了规定
		中华人民共和国进出境动植物检疫法实施条例	1997-01-01	对检疫审批、进境检疫、出境检疫、过境检疫、携带邮寄物检疫，以及运输工具检疫等进行了具体规定
		饲料和饲料添加剂管理条例	2012-05-01	对饲料和饲料添加剂的审定和登记、生产、经营和使用等进行了规定
		实验动物管理条例	1988-11-14	对从事实验动物饲育管理、实验动物的检疫和传染病控制、实验动物的应用、实验动物的进口与出口管理、从业人员等进行了规定
部门规章、规范性文件及其他有关文件	疫情测报	动物疫情报告管理办法	1999-10-19	对动物疫病报告的责任主体，动物疫病报告体系，动物疫病报告方式、内容、时限等进行了具体规定
		一、二、三类动物疫病病种名录	2008-12-11	规定了一类动物疫病17种、二类动物疫病77种、三类动物疫病63种
		人畜共患传染病名录	2009-01-19	规定牛海绵状脑病、高致病性禽流感、狂犬病、炭疽、布鲁氏菌病等26种疾病为法定人畜共患传染病
		国家动物疫情测报体系管理规范（试行）	2002-06-10	对国家动物疫情测报体系的组成、职责、监测对象、监测疫病、监测方式、监测结果的报告、各级测报中心的管理等多个方面进行了详细规定
	应急管理	国家突发重大动物疫情应急预案	2006-02-27	对突发重大动物疫情分级、应急组织体系及职责，突发重大动物疫情的监测、预警与报告、应急响应和终止、善后处理及应急处置保障等进行了规定
		全国高致病性禽流感应急预案	2004-02-03	对高致病性禽流感的疫情报告、疫情确认、疫情分级、应急体系、控制措施和保障措施等进行了规定
		进出境重大动物疫情应急处置预案	2005-06-30	对境内外发生或流行及进出境检验检疫工作中检出或发现重大动物疫情、疑似重大动物疫情的应急处置进行了规定
		口蹄疫防控应急预案	2010-03-27	规定了口蹄疫的预防和应急准备、监测与预警、应急响应和善后的恢复重建等应急管理措施
		小反刍兽疫防控应急预案	2010-06-06	对小反刍兽疫的疫情监测与报告、疫情确认、疫情分级与响应、应急处置和保障措施等进行了规定

（续）

分类		名称	施行日期	主要内容
部门规章、规范性文件及其他有关文件	应急管理	马流感防控应急预案	2008-04-15	对马流感的疫情监测与报告、疫情确认、疫情分级与响应、应急处置和保障措施等进行了规定
		农业部门应对人间发生高致病性禽流感疫情应急预案	2005-11-15	对突发人间高致病性禽流感疫情预警和监测、应急处置和应急响应等进行了规定
	兽医实验室生物安全管理	动物病原微生物分类名录	2005-05-24	将动物病原微生物分为四类，其中一类动物病原微生物10种、二类动物病原微生物8种
		动物病原微生物菌（毒）种保藏管理办法	2009-01-01	对动物病原微生物菌（毒）种和样本的收集、保藏和供应、销毁、对外交流及保藏机构等进行了规定
		高致病性动物病原微生物实验室生物安全管理审批办法	2005-05-20	对高致病性病原微生物的实验室资格审批、实验活动和运输审批等进行了规定
	检疫监督管理	动物检疫管理办法	2010-03-01	对动物及动物产品（包括水产苗种、乳用种用动物）的检疫申报、产地检疫、屠宰检疫和检疫监督等进行了规定
		动物防疫条件审查办法	2010-05-01	对动物饲养场、养殖小区、动物隔离场所、动物屠宰加工场所、动物和动物产品无害化处理场所、集贸市场的防疫条件，以及审查发证和监督管理等进行了规定
		畜禽标识和养殖档案管理办法	2006-07-01	对畜禽标识管理、养殖档案管理、信息管理和监督管理等进行了规定
		公路动物防疫监督检查站管理办法	2006-08-28	对全国公路动物防疫监督检查站的设置及监督管理等进行了规定
		动物卫生监督信息报告管理办法（暂行）	2007-01-08	对动物卫生监督执法工作情况的信息统计报送进行了规定
	区域化管理	无规定动物疫病区评估管理办法	2007-03-01	对无规定动物疫病区的申请、评估、公布等进行了规定
		无规定动物疫病区管理技术规范	2007-01-25	规定了无疫区建设步骤、标准、基础与体系、预防与监测、检疫与监管、应急与恢复等相关要求
		无规定动物疫病区现场评审表	2008-12-09	规定了96项无疫区评审内容
		无规定动物疫病区高致病性禽流感监测技术规范	2011-12-01	规定了无规定动物疫病区高致病性禽流感监测的基本要求、方式、结果处理，以及证明无疫状况的监测要求、恢复无疫的监测要求
		无规定动物疫病区口蹄疫监测技术规范	2011-12-01	规定了无规定动物疫病区口蹄疫监测的基本要求、方式、结果处理，以及证明无疫状况的监测要求、恢复无疫的监测要求等

（续）

分类		名称	施行日期	主要内容
部门规章、规范性文件及其他有关文件	区域化管理	无马流感等16个无规定动物疫病区规范	2009-02-23	规定了无马流感等16个无规定动物疫病区的相关要求
		肉禽无规定动物疫病生物安全隔离区建设通用规范（试行）	2009-06-22	规定了肉禽生物安全隔离区的一般要求、生物安全管理体系、兽医机构监管相关要求等
		肉禽无规定动物疫病生物安全隔离区标准（试行）	2009-06-22	规定了符合肉禽无禽流感生物安全隔离区的标准，生物安全隔离区无疫状态、无疫资格的撤销与恢复
		肉禽无规定动物疫病生物安全隔离区现场评审表	2010-06-07	规定了87项生物安全隔离区评审内容
	兽药管理	兽用生物制品经营管理办法	2007-05-01	对兽用生物制品的分发、经营和监督管理等进行了规定
		兽药注册办法	2005-01-01	对新兽药注册、进口兽药注册、兽药变更注册、进口兽药再注册、兽药复核检验和兽药标准物质管理等进行了规定
		兽药产品批准文号管理办法	2005-01-01	对兽药产品批准文号的申请、核发和监督管理等进行了规定
		兽药生产质量管理规范	2002-06-19	兽药生产和质量管理的基本准则，对兽药制剂生产的全过程、原料药生产中影响成品质量的关键工序等进行了规定
		兽药进口管理办法	2008-01-01	对兽药进口申请、进口兽药经营及监督管理等进行了规定
		新兽药研制管理办法	2005-11-01	对新兽药临床前研究、临床试验和监督管理等进行了规定
		兽药生产质量管理规范检查验收办法	2010-09-01	对兽药生产的申报与审查、现场检查、审批与发证及检查员管理等进行了规定
		兽药经营质量管理规范	2010-03-01	对经营兽药的场所与设施、机构与人员、规章制度、采购与入库、陈列与储存、销售与运输及售后服务等进行了规定
		兽药标签和说明书管理办法	2004-07-01	对兽药标签和说明书的基本要求及其管理进行了规定
		兽药质量监督抽样规定	2001-12-10	对兽药质量监督抽样的机构、人员、抽样数量、原则、要求及注意事项等进行了规定
		兽用处方药和非处方药管理办法	2014-03-01	对兽药实行分类管理，根据兽药的安全性和使用风险程度，将兽药分为兽用处方药和非处方药，并对其管理要求进行了规定
		乡村兽医基本用药目录	2014-03-01	对从事动物诊疗服务活动的乡村兽医可用的兽用处方药品种进行了规定

（续）

分类		名称	施行日期	主要内容
部门规章、规范性文件及其他有关文件	饲料及饲料添加剂管理	动物源性饲料产品安全卫生管理办法	2012-07-01	对动物源性饲料企业设立审查、生产管理、经营、进口和使用管理、监督检查等进行了规定
		进口饲料和饲料添加剂登记管理办法	2014-07-01	对进口饲料和饲料添加剂的登记审查、检验监督等进行了规定
		进出口饲料和饲料添加剂检验检疫监督管理办法	2009-09-01	对进出口饲料和饲料添加剂的风险管理、注册登记、检验检疫、监督管理等进行了规定
	医政管理	执业兽医管理办法	2009-01-01	对执业兽医资格考试、执业注册和备案及执业活动管理等进行了规定
		乡村兽医管理办法	2009-01-01	对乡村兽医登记、从事动物诊疗服务活动等进行了规定
		动物诊疗机构管理办法	2009-01-01	对动物诊疗机构需符合的条件（诊疗许可）及诊疗活动管理等进行了规定
		执业兽医资格考试管理暂行办法	2009-03-01	对执业兽医考试的组织、考务人员、报考程序、考试内容及成绩发布、违规违纪处理等进行了规定
	检疫规程及技术规范	《生猪产地检疫规程》《反刍动物产地检疫规程》《家禽产地检疫规程》和《马属动物产地检疫规程》	2010-04-20	对生猪、反刍动物、家禽和马属动物产地检疫的检疫对象、检疫合格标准、检疫程序、检疫结果处理和检疫记录等进行了规定
		《犬产地检疫规程》《猫产地检疫规程》和《兔产地检疫规程》	2011-10-19	对犬、猫和兔产地检疫的检疫对象、检疫合格标准、检疫程序、检疫结果处理、检疫记录和防护要求等进行了规定
		《鱼类产地检疫规程（试行）》《甲壳类产地检疫规程（试行）》和《贝类产地检疫规程（试行）》	2011-03-17	对鱼类、甲壳类和贝类产地检疫的检疫对象、检疫范围、检疫合格标准、检疫程序、检疫结果处理和检疫记录等进行了规定
		《生猪屠宰检疫规程》《家禽屠宰检疫规程》《牛屠宰检疫规程》和《羊屠宰检疫规程》	2010-05-31	对生猪、家禽、牛和羊进入屠宰场（厂、点）监督查验、检疫申报、宰前检查、同步检疫、检疫结果处理及检疫记录等操作程序进行了规定
		蜜蜂检疫规程	2010-10-13	对蜜蜂检疫的检疫对象、检疫合格标准、检疫程序、检疫结果处理和检疫记录等进行了规定

（续）

分类		名称	施行日期	主要内容
部门规章、规范性文件及其他有关文件	检疫规程及技术规范	《高致病性禽流感防治技术规范》等14个动物疫病防治技术规范	2007-04-09	对高致病性禽流感、口蹄疫、马传染性贫血、马鼻疽、布鲁氏菌病、牛结核病、猪伪狂犬病、猪瘟、新城疫、传染性法氏囊病、马立克氏病、绵羊痘、炭疽和J亚群禽白血病等14种动物疫病防治技术要求进行了规定，包括疫情确认、疫情处置、疫情监测、免疫、检疫监督的操作程序、技术标准及保障措施等多个方面
		高致病性猪蓝耳病防治技术规范	2007-03-28	规定了高致病性猪蓝耳病诊断、疫情报告、疫情处置、预防控制、检疫监督的操作程序与技术标准等
		狂犬病防治技术规范	2006-10-30	规定了动物狂犬病的诊断、监测、疫情报告、疫情处理、预防与控制等
	动物及产品出入境管理	中华人民共和国进境动物一、二类传染病、寄生虫病名录	2013-11-28	规定了进境检疫的15种一类、147种二类和44种其他传染病、寄生虫病
		进境动物和动物产品风险分析管理规定	2003-02-01	对进境动物和动物产品的危害因素确定、风险评估、风险管理和风险交流等整个风险分析过程的管理进行了规定
		进出境动物、动物产品检疫采样管理办法	1992-06-27	对进出境动物及动物产品检疫的采样数量、要求及标准等进行了规定
		进出口肉类产品检验监督检疫管理办法	2011-01-04	对肉类的进口检验检疫、出口检验检疫、过境检验检疫和监督管理等进行了规定
		进境（过境）动物及其产品检疫审批管理办法	2008-07-30	对进境、过境动物及其产品检疫的申请、审批等进行了规定
		进出口水产品检验监督检疫管理办法	2011-01-04	对水产品的进境检验检疫、出境检验检疫和监督管理等进行了规定
		进出境动物临时隔离检疫场管理办法	1996-11-27	对进出境动物临时隔离场的条件、隔离检疫场检疫许可等进行了规定
		进境动物遗传物质检疫管理办法	2003-07-01	对进境动物遗传物质（哺乳动物精液、胚胎和卵细胞）的检疫和监督管理进行了规定
		进境动物隔离检疫场使用监督管理办法	2009-12-01	对全国进境动物隔离场的监督管理工作进行了规定
		出入境人员携带物检疫管理办法	2004-01-01	对出入境人员携带动植物、动植物产品进行了规定
	兽医卫生信息化技术规范	《兽医卫生信息化技术规范代码规范（试行）》《兽医卫生信息化技术规范数据集模型规范（试行）》《兽医卫生信息化技术规范数据字典规范（试行）》《兽医卫生信息化技术规范数据交换格式规范（试行）》	2014-12-12	对兽医卫生信息化系统管理数据的代码标准、数据集的数据模型、兽医卫生业务信息管理数据集的分类信息元数据信息、数据模型信息、数据元信息和代码信息，不同层次、节点和子系统间的兽医卫生信息系统数据交换格式等进行了规定

为了解法律执行情况，分析存在的问题和原因，2014年，农业部继续推进2007年修订后的《中华人民共和国动物防疫法》立法后评估工作，启动了《执业兽医管理办法》和《动物诊疗机构管理办法》立法后评估，全面了解执行情况，从实效性、协调性、合理性和操作性等方面进行评估，系统总结成效，分析问题和原因，提出完善立法建议。

第三章
动物疫病预防控制

2014年，中国持续推进《国家中长期动物疫病防治规划（2012—2020年）》，各地未发生区域性重大动物疫情，有力地保障了养殖业生产安全、动物源性食品安全和公共卫生安全。2014年，中国畜牧业产值达2.9万亿元，占农林牧渔业产值的28.3%，肉类总产量达8 706.74万吨，比2013年增长2.01%；禽蛋产量和牛奶产量分别为2 893.89万吨和3 724.64万吨，同比分别增长0.62%和5.47%。

一、中国从未报告发生或已经消灭的OIE法定报告动物疫病

中国1955年消灭牛瘟，2008年被世界动物卫生组织（OIE）认可为无牛瘟国家；1996年消灭牛传染性胸膜肺炎，2011年被OIE认可为无牛传染性胸膜肺炎国家；中国从未发生牛海绵状脑病（BSE）和非洲马瘟，2014年被OIE认可为BSE风险可忽略国家和无非洲马瘟国家（图3-1）。中国境内从未报告发生的OIE法定报告动物疫病见表3-1。

Organisation Mondiale de la Santé Animale / World Organisation for Animal Health / Organización Mundial de Sanidad Animal

Certificate

Rinderpest status of the People's Republic of China

This is to certify that following a recommendation of the OIE Scientific Commission for Animal Diseases, the International Committee of the OIE approved on 30 May 2008 that the People's Republic of China be recognised by the OIE as free from rinderpest in accordance with the provisions of Article 2.2.12.2. of the OIE Terrestrial Animal Health Code.

This recognition is based on the documentation submitted to the OIE by the Official Veterinary Services of the People's Republic of China . The Delegate of the People's Republic of China to the OIE has the obligation to notify the OIE immediately of any epidemiological event relating to rinderpest in the People's Republic of China and to confirm annually that the epidemiological situation has remained unchanged.

Paris, 30 May 2008

Barry O'Neil, President

Bernard Vallat, Director General

Organisation Mondiale de la Santé Animale / World Organisation for Animal Health / Organización Mundial de Sanidad Animal

Certificate

Contagious bovine pleuropneumonia status of People's Republic of China

This is to certify that following a recommendation of the OIE Scientific Commission for Animal Diseases, the World Assembly of Delegates of the OIE approved on 24 May 2011 that People's Republic of China be recognised by the OIE as free from contagious bovine pleuropneumonia (CBPP) in accordance with the provisions of Article 11.8.3 of the OIE Terrestrial Animal Health Code.

This recognition is based on the documentation submitted to the OIE by the Official Veterinary Services of People's Republic of China. The Delegate of People's Republic of China to the OIE has the obligation to notify the OIE immediately if there is any significant epidemiological event relating to CBPP in People's Republic of China and to confirm annually that the epidemiological situation has remained unchanged.

Paris, 26 May 2011

Carlos A. Correa Messuti, President

Bernard Vallat, Director General

Organisation Mondiale de la Santé Animale / World Organisation for Animal Health / Organización Mundial de Sanidad Animal

CERTIFICATE

Bovine spongiform encephalopathy risk status of the People's Republic of China

This is to certify that, following a recommendation of the OIE Scientific Commission for Animal Diseases, the World Assembly of Delegates of the OIE approved on 27 May 2014 the proposal that the People's Republic of China, with the exclusion of Hong Kong and Macau, be recognised by the OIE as a zone having a negligible risk for bovine spongiform encephalopathy (BSE) in accordance with the OIE *Terrestrial Animal Health Code* (2013).

This recognition is based on the documentation submitted to the OIE by the Official Veterinary Services of the People's Republic of China. The Delegate of the People's Republic of China to the OIE has the obligation to notify the OIE immediately if there is any change in the epidemiological situation relating to BSE in the People's Republic of China and to confirm annually that the epidemiological situation has remained unchanged, according to the requirements of the OIE *Terrestrial Animal Health Code*.

Paris, 29 May 2014

Karin Schwabenbauer, President

Bernard Vallat, Director General

Organisation Mondiale de la Santé Animale / World Organisation for Animal Health / Organización Mundial de Sanidad Animal

CERTIFICATE

African horse sickness status of the People's Republic of China

This is to certify that, following a recommendation of the OIE Scientific Commission for Animal Diseases, the World Assembly of Delegates of the OIE approved on 27 May 2014 the proposal that the People's Republic of China (including Hong Kong and Macau) be recognised by the OIE as a country free from African horse sickness (AHS) in accordance with the OIE *Terrestrial Animal Health Code* (2013).

This recognition is based on the documentation submitted to the OIE by the Official Veterinary Services of the People's Republic of China. The Delegate of the People's Republic of China to the OIE has the obligation to notify the OIE immediately if there is any change in the epidemiological situation relating to AHS in the People's Republic of China and to confirm annually that the epidemiological situation has remained unchanged, according to the requirements of the OIE *Terrestrial Animal Health Code*.

Paris, 29 May 2014

Karin Schwabenbauer, President

Bernard Vallat, Director General

图3-1　中国获得OIE认证的相关证书

表3-1　中国从未报告发生的OIE法定报告动物疫病

易感动物种类	疫病名称
多种动物共患病	克里米亚刚果出血热、心水病、新大陆螺旋蝇蛆病、旧大陆螺旋蝇蛆病、Q热、裂谷热、苏拉病（伊万斯锥虫）、土拉杆菌病（兔热病）、水泡性口炎、西尼罗河热、多房棘球蚴感染
牛病	牛海绵状脑病、结节性皮肤病
羊病	梅迪-维斯纳病、内罗毕病、痒病
猪病	非洲猪瘟、尼帕病毒性脑炎
马病	非洲马瘟、马媾疫、马脑脊髓炎（东部）、马脑脊髓炎（西部）、马病毒性动脉炎、马巴贝斯虫病、委内瑞拉马脑脊髓炎

（续）

易感动物种类	疫病名称
兔病	粘液瘤病
蜂病	蜜蜂螨病、蜜蜂美洲幼虫腐臭病、蜜蜂欧洲幼虫腐臭病、蜜蜂热带厉螨病、蜜蜂瓦螨病
鱼病	流行性造血器官坏死病、真鲷虹彩病毒病、三代虫病、病毒性出血性败血病、传染性鲑鱼贫血病、流行性溃疡综合征
软体动物病	牡蛎包拉米虫感染、奥尔森派琴虫感染、包拉米虫原虫感染、鲍鱼凋萎综合征、折光马尔太虫感染、鲍鱼疱疹样病毒感染、海水派琴虫感染
甲壳类动物病	鳌虾瘟、传染性肌肉坏死、坏死性肝胰腺炎
两栖动物病	蛙病毒感染、箭毒蛙壶菌感染
其他	骆驼痘、利什曼病

二、重大动物疫病防控

（一）口蹄疫

针对口蹄疫防控，中国主要采取以下措施：

1. 强制免疫

2014年中国继续实施口蹄疫强制免疫，开展免疫效果监测。对所有猪进行O型口蹄疫强制免疫；对所有牛、羊、骆驼、鹿进行O型和亚洲Ⅰ型口蹄疫强制免疫；对所有奶牛和种公牛进行A型口蹄疫强制免疫；对广西、云南、西藏、新疆和新疆生产建设兵团边境地区的牛、羊进行A型口蹄疫强制免疫。散养家畜在春秋两季各实施一次集中免疫，对新补栏的家畜要及时免疫。2014年，全国共使用口蹄疫疫苗34.7亿毫升，口蹄疫平均免疫密度维持在95%以上，群体平均免疫抗体合格率达87.81%，其中O型、亚洲Ⅰ型和A型平均免疫抗体合格率分别达87.48%、88.25%和89.88%。

2. 监测和流行病学调查

根据《2014年国家动物疫病监测与流行病学调查计划》（农医

发〔2014〕12号）中《口蹄疫监测方案》要求，开展口蹄疫监测与流行病学调查工作。各级动物疫病预防控制机构对猪、牛、羊等偶蹄类动物的种畜场、规模饲养场、散养户、牲畜交易市场和屠宰场等进行监测；国家口蹄疫参考实验室进一步加强口蹄疫病原学监测和分子流行病学比较分析，跟踪病毒变异情况，重点对发生过疫情地区、边境地区等高风险区域的家畜进行监测；进一步强化了免疫无口蹄疫区监测工作，无疫区所在地兽医部门和国家口蹄疫参考实验室对免疫无口蹄疫区和缓冲区的养殖、流通环节和调入无疫区的猪、牛、羊，以及其他易感动物及其产品定期开展监测。2014年，全国共检测口蹄疫样品471万份（其中血清学样品382.9万份、病原学样品88.1万份），分别检出O型和A型口蹄疫病原学阳性样品6份和14份，对病原学阳性畜及同群畜均按规定及时进行处置。

3. 区域化管理

2014年7月，在黑龙江召开大东北无疫区建设座谈会，认为中国东北地区建设免疫无口蹄疫区具有得天独厚的地缘优势，拥有丰富的自然资源和良好的动物防疫条件，计划在中国前期无规定动物疫病区建设的基础上，对黑龙江、吉林、辽宁三省和内蒙古东部区域实施口蹄疫区域化管理，按照“国家规划、各省自建、同步推进、分省评估、连接成片”的原则，力争在2018年前建成中国“大东北地区”（黑龙江、吉林、辽宁三省+内蒙古东部区域）免疫无口蹄疫区，并就组织机构、时间进度等具体问题进行了研究。2014年9月，在青岛组织召开了联络员会议，组织起草制订了《大东北无疫区建设指导意见和实施方案（草案）》。

4．应急处置

2014年，在西藏、江苏和江西等3个省（自治区）共报告发生7起口蹄疫疫情，发病畜74头（其中猪7头、牛67头），扑杀动物324头（其中猪44头、牛280头）。当地按照有关应急预案和防治技术规范要求，坚持依法防控、科学防控，切实做好疫情处置各项工作，严密封锁疫区，加强消毒灭源和监测排查，并对发病及同群动物进行了扑杀和无害化处理，疫情均得到有效控制和扑灭，没有造成扩散蔓延（表3-2）。

表3-2 2014年中国口蹄疫报告情况

省份	疫点数	发病动物	血清型	发病数（头）	死亡数（头）	扑杀数（头）
西藏	4	牛	A型	61	0	262
江苏	2	猪	A型、O型	7	0	44
江西	1	牛	O型	6	0	18
合计	**7**	**猪、牛**	**A型、O型**	**74**	**0**	**324**

（二）高致病性禽流感

针对高致病性禽流感防控，中国主要采取以下措施：

1．强制免疫

2014年中国继续实施高致病性禽流感强制免疫，并开展免疫效果监测。全国共使用禽流感疫苗158亿羽份，禽流感平均免疫密度维持在95%以上，群体平均免疫抗体合格率达91.9%。

2．监测

2014年3月20日，农业部印发了《2014年国家动物疫病监测与流行病学调查计划》（农医发〔2014〕12号），其中包括《动物流感监测方案》，各地对种禽场，商品禽场，散养户，活禽交易市场，屠宰场，候鸟主要栖息地，重点边境地区的鸡、鸭、鹅和其他家禽、野生禽鸟，貂、貉等经济动物，虎等人工饲养的野生动物，高风险区域内的猪，以及高风险区域环境样品等进行免疫抗体和病原学监测。2014年，全国共对8 773个种畜禽场、72 379个商品代饲养场户、49 483个散养户、8 246个交易市场、264个野鸟栖息地、811个其他场所和1个屠宰场的禽和猪进行了H5亚型禽流感监测，共检测各类动物禽流感样品386万份，其中血清学样品334万份；检测病原学样品52万份，检出159份H5亚型禽流感阳性样品，其中30份H5N1亚型、19份H5N2亚型、1份H5N3亚型、104份H5N6亚型和5份H5N8亚型。对病原学阳性禽及同群禽按规定及时进行了处置。此外，国家禽流感参考实验室进一步加强禽流感病原学监测和分子流行病学比较分析，跟踪病毒变异情况。

3. 应急处置

2014年，湖北、贵州和云南等3个省共发生3起家禽H5N1亚型高致病性禽流感疫情，黑龙江省发生1起H5N6亚型高致病性禽流感疫情，累计发病家禽6.05万只，死亡家禽5.16万只，销毁家禽约528万只（表3-3）。针对2014年发生的禽流感疫情，当地按照有关应急预案和防治技术规范要求，坚持依法防控、科学防控，切实做好疫情处置各项工作，严密封锁疫区，进行扑杀和无害化处理，加强消毒灭源和监测排查，疫情均得到有效控制和扑灭，没有造成扩散蔓延。

表3-3　2014年中国高致病性禽流感发生情况

地点	亚型	发病动物	发病数（只）	死亡数（只）	销毁数（只）
湖北省黄石市阳新县	H5N1	蛋鸡	6 700	3 200	68 906
贵州省安顺市西秀区	H5N1	蛋鸡	3 629	976	323 292
云南省玉溪市通海县	H5N1	蛋鸡	29 600	29 600	4 823 085
黑龙江省哈尔滨市双城区	H5N6	鹅	20 550	17 790	68 884
合计			60 479	51 566	5 284 167

（三）猪瘟

对所有猪进行猪瘟强制免疫，所用疫苗为猪瘟活疫苗和传代细胞源猪瘟活疫苗，并开展免疫效果监测。全国各地根据国家强制免疫计划要求，扎实做好猪瘟强制免疫工作。2014年，全国共使用猪瘟疫苗15.9亿头份。

根据《2014年国家动物疫病监测与流行病学调查计划》（农医发〔2014〕12号）中《猪瘟监测方案》要求，开展猪瘟免疫抗体和病原学监测，重点对种猪场、中小规模饲养场、交易市场、屠宰场和发生过疫情地区的猪进行监测。2014年，全国共检测猪瘟样品184.33万份，其中病原学样品12.17万份，检出病原学阳性样品224份。对病原学阳性猪及同群猪按规定及时进行了处置。

2014年，云南、贵州、甘肃、陕西和广西等5个省（自治区）发生28起猪瘟疫情，发病猪837头，死亡138头（表3-4）。

表3-4　2014年中国猪瘟发生情况

省份	疫点数	发病数（头）	死亡数（头）
广西壮族自治区	12	643	92
贵州省	1	4	0
云南省	8	169	37
陕西省	4	15	5
甘肃省	3	6	4
合计	28	837	138

（四）猪繁殖与呼吸综合征（猪蓝耳病）

针对猪繁殖与呼吸综合征防控，农业部继续指导各地开展免疫和监测工作，2014年全国共使用高致病性猪蓝耳病疫苗23.9亿毫升。

重点对种猪场、中小规模饲养场、交易市场、屠宰场和发生过疫情地区的猪进行免疫抗体和病原学监测。2014年，广西、云南、江西、湖北、浙江、安徽、四川、陕西、重庆和河北等10个省（自治区、直辖市）发生猪繁殖与呼吸综合征疫情，发病猪1 347头，销毁162头。此外，2014年，贵州省报告发生1起高致病性猪蓝耳病疫情。

（五）新城疫

针对新城疫防控，农业部继续指导各地做好新城疫免疫工作，并根据《新城疫监测方案》要求，继续做好新城疫监测，重点对种禽场、商品禽场、活禽市场的家禽（鸡、鸭、鹅、火鸡、鸽和鹌鹑）进行监测。此外，国家新城疫诊断实验室还按照《2014年国家动物疫病监测与流行病学调查计划》要求，在江苏、安徽等13个省份40个县区的217个采样点共采集家禽棉拭子样品15 443份，收集临床组织病料315份，分离到新城疫病毒563株，并进行了分子流行病学分析。

2014年，广西、江西、云南、贵州、湖北、甘肃、陕西、浙江等8个省（自治区）发生95起新城疫疫情，发病禽1.4万只，死亡6 459只，销毁4 223只（表3-5）。

表3-5　2014年中国新城疫发生情况

省份	疫点数	发病数（只）	死亡数（只）
浙江	1	17	2
江西	67	4 427	4 129
湖北	1	450	125
广西壮族自治区	12	6 230	1 301
贵州	1	62	62
云南	8	927	409

（续）

省份	疫点数	发病数（只）	死亡数（只）
陕西	1	1 500	25
甘肃	4	416	406
合计	95	14 029	6 459

三、主要人畜共患病防控

（一）布鲁氏菌病

针对布鲁氏菌病控制，中国主要采取区域化管理、免疫、监测、扑杀等综合性防控措施。

区域化管理。中国对布鲁氏菌病防控实行区域化管理，根据畜间疫情未控制县（羊阳性率≥0.5%或牛阳性率≥1%或猪阳性率≥2%）所占比例等情况，全国划分为三个区域，即一类地区（未控制县数占总县数30%以上的区域，包括北京、天津等15个省份和新疆兵团）、二类地区（未控制县数占总县数30%以下的区域，包括江苏、上海等15个省份）和净化区（无人间病例和畜间疫情的省份，只有海南省）。

免疫和监测。2014年，农业部继续指导各地按要求开展布鲁氏菌病免疫工作，部分流行率较高的地区实施自愿免疫，报农业部备案；同时根据国家《布鲁氏菌病监测方案》要求，继续做好牛羊布鲁氏菌病监测工作，突出抓好种牛监测。各级动物疫病预防控制机构对辖区内所有种公牛站和种牛场进行监测，对牛、羊等易感动物的种畜场、规模饲养场、散养户、活畜交易市场、屠宰场等场点进行监测。中国动物卫生与流行病学中心布鲁氏菌病专业实验室对全国种公牛站开展病原学监测，并对各地种牛场监测结果进行复核；中国兽医药品监察所布鲁氏菌病专业实验室对重点地区家畜开展监测。

流行病学调查。按照《2014年国家动物疫病监测与流行病学调查计划》要求，有关单位在黑龙江、吉林、河北等11个省份和新疆生产建设兵团共23个固定点开展了现场调查，并对非免疫群体进行了抽样检测，共采集血清样品17 340份进行了检测。此外，为配合《国家中长期动物疫病防治规划》贯彻落实，有关单位还开展了布鲁氏菌病区域化综合防控试点基线调查、布鲁氏菌病防治和活羊调运情况调查、种公牛动物卫生状况及布鲁氏菌病感染情况调查等，并开展了试点地区农村从业人员布鲁氏菌病风险交流策略研究，为布鲁氏菌病防治提供了必要的基础数据和技术支撑。

应急处置。2014年，河北、山西、内蒙古、黑龙江、江苏、浙江、福建、江西、山东、湖北、湖南、广西、重庆、贵州、云南、陕西、甘肃、宁夏和新疆等19个省（自治区、直辖市）发生布鲁氏菌病疫情，发病畜（包括牛、羊和猪）28 735头（只），死亡41头（只），扑杀1 260头（只），销毁23 902头（只）。针对国内部分地区发生的布鲁氏菌病疫情，农业部及时指导各地畜牧兽医部门开展疫情处置工作，新发疫情均得到及时有效控制和扑灭。

（二）牛结核病

针对牛结核病防控，2014年各地继续根据农业部下发的《牛结核病监测方案》开展监测工作，对病原学阳性牛按《牛结核病防治技术规范》及时进行了处置。此外，按照《2014年国家动物疫病监测与流行病学调查计划》要求，在全国11个省份23个县（市、区）进行了奶牛结核病流行病学调查，采集奶牛全血样品2 096份进行了检测；在全国17个省份29个种公牛站进行了种公牛结核病流行病学调查，检测种公牛2 132头。

2014年，陕西、新疆、浙江、内蒙古、甘肃、四川、湖南、江苏等8个省（自治区）发生牛结核病疫情，发病牛783头，死亡36头，销毁715头。

（三）血吸虫病

2014年，农业部继续实施《血吸虫病综合治理重点项目规划纲要（2009—2015）》，组织召开全国农业血防工作会议，指导开展家畜查治和农业血防综合治理，推进达标验收工作，查治家畜超过126万头（只）。组织有关省份对2009年以来血吸虫病防治情况和农业血防项目实施情况进行总结，并对7个疫区省份进行了实地调研。

（四）包虫病

针对包虫病防治，2014年继续实施《防治包虫病行动计划（2010—2015年）》，在青海、新疆等3个省份和新疆兵团开展包虫病综合防治工作试点，加强家畜监测和犬的驱虫。

2014年，新疆、青海、内蒙古等3个省份报告发生72起绵羊/山羊包虫病（细粒棘球蚴感染）疫情，发病羊266只，死亡38只，销毁84只。

（五）狂犬病

针对狂犬病防控，农业部继续指导各地做好免疫工作，并根据国家《狂犬病监测方案》要求，以狂犬病高发省份为重点在全国范围内开展监测，重点对农村犬、猫，城镇流浪犬、猫，以及动物医院就诊的犬、猫进行狂犬病监测。2014年，共有26个省（自治区、直辖市）和新疆生产建设兵团开展狂犬病监测工作，设立监测点

2 333个，监测样品28 085份，其中监测免疫抗体样品18 624份，抗体合格率为73.52%；监测病原学样品8 119份，检出阳性样品29份，阳性率0.36%。

2014年，内蒙古、河北、陕西等3个省（自治区）发生狂犬病疫情，发病动物（犬、牛、羊和骆驼等）94头（只），死亡71头（只）。

四、马鼻疽和马传染性贫血消灭

马鼻疽在中国古已有之，马传染性贫血（马传贫）于20世纪50年代传入中国。新中国成立后，马鼻疽、马传贫分别在21、22个省份发生流行，给农牧业生产造成了巨大经济损失。在马鼻疽、马传贫防控工作中，各级畜牧兽医部门坚持规划先行、依靠科技，采取免疫、监测、扑杀等综合性防控措施，取得了显著成效。近年来，全国没有新发马鼻疽、马传贫疫情报告，也未监测到马鼻疽感染阳性动物，监测到的零星马传贫感染阳性动物仅出现在云南、新疆两省份。2014年，中国农业科学院哈尔滨兽医研究所马传染病研究室（OIE马传贫参考实验室和农业部指定马传染病检测专业实验室）在全国23省份开展了马鼻疽、马传贫抽样监测工作，其中检测马鼻疽和马传贫样本分别为1 879份和4 120份，检测结果均为阴性。

2014年12月，农业部在云南省昆明市召开马鼻疽、马传贫防控工作座谈会，研究部署下一步马鼻疽、马传贫消灭工作。在马鼻疽防控方面，要通过监管维持无疫，通过持续监测证明无疫，同时要做好资料整理工作，为开展全国无疫评估提供科学、翔实的依据。在马传贫防控方面，要坚持预防为主，推行“分区防控、分类指导、稳步推进”的综合防治措施；抓好监测净化，扩大监测范围和监测数量，对检出的阳性动物要严格采取扑杀、无害化处理等措施；强化检疫监管，防止跨区域传播。做好应急准备，一旦发生疫情，按规定做好应急处置工作。加强防疫管理，做好马属动物的登记备案和各项防控工作记录。此外，相关省份要加快推进达标验收工作；已达标省份继续做好监测工作，巩固防控成效，收集整理工作资料，为按计划开展全国无疫评估做准备。

五、种禽场和重点原种猪场疫病净化监测

为落实《国家中长期动物疫病防治规划》，推动实施畜禽健康促进策略，2014年4月农业部办公厅下发了《关于开展2014年种禽场和重点原种猪场垂直传播性疫病监测工作的通知》（农办医〔2014〕20号），继续对全国祖代以上养禽场、重点原种猪场垂直传播性疫病进行持续监测。其中，要求曾祖代、祖代蛋鸡场及国家级家禽基因库监测高致病性禽流感、禽白血病、禽网状内皮增殖症和鸡白痢等4种疫病，采样检测由中国动物疫病预防控制中心、中国农业科学院哈尔滨兽医研究所、山东农业大学等单位完成；重点原种猪场监测猪瘟、猪繁殖与呼吸综合征、伪狂犬病、圆环病毒病和猪细小病毒病等5种疫病，采样检测由中国动物疫病预防控制中心完成。此外，农业部还定期组织召开疫情形势分析会，科学研判疫情形势。

六、外来动物疫病防范

2014年，中国继续以《国家中长期动物疫病防治规划（2012—2020年）》中提出的外来动物疫病防范策略为指导，强化国家边境

动物防疫安全理念，加强对重点防范外来动物疫病种的风险管理，建立国家边境动物防疫安全屏障。健全边境疫情监测制度和突发疫情应急处置机制，加强联防联控，强化技术和物资储备。完善入境动物和动物产品风险评估、检疫准入、境外预检、境外企业注册登记、可追溯管理等制度，全面加强外来动物疫病监视监测能力建设；持续开展外来动物疫病监测，强化防控技术培训。2014年，国家外来病研究中心共在上海、黑龙江、云南（图3-2）和河北等省份开展外来动物疫病防控技术培训班4期，培训基层兽医技术人员420余人次，发放宣传材料400余份；在高风险省份巡回培训460多人，赴有关省份培训1 000余人。

图3-2 外来动物疫病防控技术培训班（云南）

（一）动物海绵状脑病（疯牛病、痒病）

中国从未发生过疯牛病。自1990年以来，中国对疯牛病风险实施严格的控制措施。一是将疯牛病列为一类动物疫病，通过大量宣传培训工作确保了监测体系发现疯牛病病例的敏感性。二是建立了国家疯牛病参考实验室、专业实验室，建立了OIE认可的诊断方法和质量标准体系，连续13年开展疯牛病监测，没有发现病例。三是严禁从发病国家和地区进口牛、羊及反刍动物源性肉骨粉、骨粉、油渣等风险物质，有效防范风险商品传入。四是加强饲料监管，1999年起严格限制从高风险地区进口动物性饲料；2001年全面禁止使用动物性饲料饲喂反刍动物。2013年9月，中国农业部正式向OIE提交了中国内地疯牛病风险可忽略状况的申请报告。经过补充材料和2次赴OIE总部的现场答疑，OIE认为中国达到了疯牛病风险可忽略要求。2014年5月，OIE第82届国际代表大会上，中国大陆被OIE正式认可为疯牛病风险可忽略地区（图3-3）。

图3-3 OIE认可中国大陆为疯牛病风险可忽略地区

2014年，中国继续开展疯牛病、痒病监测及饲料中反刍动物源性成分检测，也未从风险国家进口活牛和反刍动物肉骨粉。全年，共对6 463份牛脑样品进行了疯牛病检测，检测结果均为疯牛病阴性，分值达59 000；对3 777份羊脑样品进行了痒病检测，检测结果均为痒病阴性；抽检了1 822批次商品反刍动物饲料，未检出反刍动物源性成分；仅从澳大利亚、新西兰、乌拉圭和阿根廷进口过活牛或肉骨粉，继续维持了中国大陆的疯牛病风险可忽略地位。

（二）非洲猪瘟

中国从未发生非洲猪瘟。近年来，中国不断加强非洲猪瘟防控，严密防范其传入。2013年11月，中国加入了全球非洲猪瘟防控技术平台；2014年7月，农业部与联合国粮食及农业组织（FAO）启动了“中国非洲猪瘟防范项目（ASF-TCP）”，通过项目实施，利用FAO技术和专家资源，加强与周边国家联防联控机制建设，加强实验室诊断技术研究与储备，完善非洲猪瘟防控技术规范和应急预案，提升综合防控能力。2014年，继续加强非洲猪瘟监测，除继续在新疆、吉林、黑龙江、内蒙古、辽宁等省份开展样品采集外，首次将北京、天津、上海、广东纳入重点监测范围，全年共检测非洲猪瘟样品5 806份（病原学样品2 501份，其中野猪样品80份；血清学样品3 305份，其中野猪样品20份），结果均为阴性。2014年9月，在黑龙江省黑河市开展了由畜牧兽医部门和出入境检验检疫部门共同参与的边境地区“非洲猪瘟防控应急演练”。

（三）其他外来动物疫病

对于西尼罗河热、非洲马瘟、尼帕病、水泡性口炎、裂谷热、猪水泡病，以及中国已经消灭的牛瘟、牛传染性胸膜肺炎等外来病，农业部组织开展了持续监测，相关实验室没有检测到阳性样品。

七、其他陆生动物疫病防控

（一）H7N9流感

2013年以来，中国成功应对H7N9流感，得到国际社会和社会各界广泛认可。2014年，部分省份再次出现人感染H7N9病例，农业部继续加大防控力度，做好各项应对工作。

一是及时印发《全国家禽H7N9流感剔除计划》，通过监测、流行病学调查和市场链分析，掌握家禽H7N9流感病毒的时间、空间和群间分布状况；及时清除家禽养殖、市场流通等重点环节中家禽H7N9流感病毒，有效降低病毒向人传播风险，降低病毒由活禽市场向养禽场传播风险。同时，推动全国31个省份和新疆兵团出台了实施方案；与FAO联合举办H7N9流感防控技术培训班，对各省业务骨干进行培训；与卫生计生委、食药总局联合开展H7N9督导，派出4个工作组赴6个省份开展督导工作，指导各地进一步落实各项防控措施。

二是围绕活禽交易市场、养禽场和野生禽鸟栖息地等重点区域开展监测和流行病学调查，并落实了1 739万监测经费。2014年，全国共对9 743个活禽交易市场、19 817个家禽养殖场户、2 911个种畜禽场、10 046个散养户、132个野鸟栖息地、298个其他场点的动物和环境进行了H7N9流感监测，共检测样品113.9万份，其中检测H7亚型血清学样品78.4万份，检测病原学样品35.5万份，检出H7N9病原学阳性样品61份。对病原学和血清学阳性禽群，按照《动物H7N9流感应急处置指南》要求进行了处置。

三是加强流通调运监管，限制家禽由高风险区向低风险区调运。对于跨省调运的种禽、种雏和继续饲养的家禽，严格执行到达报告和隔离观察制度。

四是加强对活禽交易场所和家禽养殖场生物安全管理，严格落实定期休市消毒措施和养殖场动物防疫条件审查制度，加强饲养管理和防疫设施建设，鼓励建设生物安全隔离区，提高养殖场所生物安全水平。

（二）小反刍兽疫

2014年，全国累计报告发生小反刍兽疫疫情251起，发病羊

33 041只，死亡羊14 681只，扑杀和销毁羊51 333只。农业部统一部署防控工作，协调落实应急处置经费4 862万元，在高风险区实施免疫策略；发布《关于加强活羊跨省调运监管工作的通知》，实施活羊流通控制；开展暴发调查，对发病羊和暴露羊采取应急处置措施；加强监测，2014年共检测小反刍兽疫样品35 387份（病原学样品17 744份和血清学样品17 643份）；采取专家宣讲、录制科普宣传片等多种方式进行小反刍兽疫防控技术培训和宣传，累计培训4 000余人次；派出多个督查组，指导各地严格落实封锁、扑杀、无害化处理和免疫等扑疫措施，在短时间内遏制了疫情扩散蔓延势头，保障了养羊业稳定发展和羊肉有效供给。

（三）猪流行性腹泻

2014年，全国共有26个省份和新疆生产建设兵团发生猪流行性腹泻疫情，发病猪228 782头，死亡34 378头。

2014年，农业部继续指导各地统筹防控生猪腹泻等常见多发病。各地按照农业部印发的《生猪腹泻疫病防控技术指导意见》，进一步加大生猪腹泻疫病防控力度，加强技术指导和服务，切实落实各项综合防控措施，如疫苗免疫、产房消毒与通风保暖、及时评估母猪健康状况和采用对症治疗措施等针对性措施，加强日常饲养管理、加强仔猪饲养管理、严格落实消毒措施、严格实施引种隔离、积极推进疫病净化工作和做好无害化处理等综合性措施。

（四）其他法定报告病种

具体发生情况见表3-6。

表3-6　2014年中国报告发生的其他OIE法定报告动物疫病

疫病名称	疫情起数	发病动物	发病数	死亡数	扑杀数	销毁数
炭疽	20	牛、猪	113	80	0	26
伪狂犬病	144	猪	2 960	785	0	1 388
副结核	10	牛	437	0	0	437
旋毛虫病	2	猪	17	1	0	0
流行性乙型脑炎	62	猪	412	79	55	83
牛巴贝斯虫病	5	牛	11	1	0	1
牛出血性败血病	66	牛	1 249	275	13	694
牛传染性鼻气管炎/传染性脓疱性外阴道炎	12	牛	27	4	0	14
毛滴虫病	5	牛	252	0	0	0
牛锥虫病	31	牛	656	12	0	275
牛病毒性腹泻	64	牛	536	91	0	110
山羊痘/绵羊痘	200	山羊/绵羊	7 873	442	143	1 163
绵羊附睾炎	*	山羊/绵羊	*	*	*	*
山羊关节炎/脑炎	13	山羊/绵羊	104	8	0	22
山羊传染性胸膜肺炎	225	山羊/绵羊	4 279	1 023	25	2 022
母羊地方性流产	22	山羊/绵羊	167	0	0	0
沙门氏菌病	90	绵羊	789	115	0	242
猪囊尾蚴病	15	猪	180	0	4	7
猪传染性胃肠炎	4 597	猪	189 310	13 873	957	35 433
禽传染性支气管炎	2 482	禽	413 540	18 888	1 085	35 802
禽传染性喉气管炎	1 388	禽	310 375	16 138	443	33 976
鸭病毒性肝炎	355	禽	35 799	4 897	246	9 904
禽伤寒	260	禽	26 732	2 753	29	2 483
传染性法氏囊	698	禽	222 110	15 243	270	31 240
禽支原体病	175	禽	34 602	555	158	909
禽衣原体病	10	禽	5 151	2	0	2
鸡白痢	8 595	禽	1 250 871	74 843	4 941	121 157
低致病性禽流感	60	禽	127	0	0	807 295
兔病毒性出血症	138	兔	3 639	2 113	28	986

八、水生动物疫病防控

2014年，中国报告发生的水生动物疫病包括鲤春病毒血症、传染性造血器官坏死病、锦鲤疱疹病毒病、桃拉综合征、白斑综合征、黄头病、传染性皮下及造血器官坏死病、白尾综合征等。

2014年，农业部组织实施了《国家水生动物疫病监测计划》，对鲤春病毒血症（SVC）、白斑综合征（WSS）、传染性造血器官坏死病（IHN）、锦鲤疱疹病毒病（KHVD）和刺激隐核虫病等5种重大水生动物疫病开展了专项监测。

（一）鲤春病毒血症（SVC）

在北京等18个省（区、市）对鲤科鱼类开展了监测工作，全年共采集样品891批次，检出阳性样品22批次，平均阳性率为2.5%，阳性样品种类有鲤、鲫、锦鲤、金鱼、鲢、建鲤和鳙等。2014年实际养殖生产中未发生SVC疫情。

（二）白斑综合征（WSS）

在天津等9个省（自治区、直辖市）对甲壳类水生动物开展了监测工作，全年共采集样品1 152批次，检出阳性样品191批次，平均阳性率为16.6%，阳性样品种类有凡纳滨对虾、克氏原螯虾、中国对虾、罗氏沼虾、日本对虾、青虾和蟹等。2014年，部分地区发生了凡纳滨对虾和克氏原螯虾WSS疫情。

（三）传染性造血器官坏死病（IHN）

在北京、河北、辽宁、山东和甘肃等5个省（直辖市）对鲑鳟鱼类开展了监测工作，全年共采集样品298批次，检出阳性样品61批次，平均阳性率为20.5%，阳性样品主要是虹鳟、金鳟。2014年，局部地区发生了IHN疫情。

（四）锦鲤疱疹病毒病（KHVD）

在北京等14个省（自治区、直辖市）首次对KHVD实施了专项监测，监测对象是鲤和锦鲤，全国共采集样品318批次，检出阳性样品4批次，平均阳性率为1.3%。2014年，实际养殖生产中未发生KHVD疫情。

（五）刺激隐核虫病

在浙江、福建和广东3个省对海水鱼类开展了监测工作，全年共采集样品584批次，检出阳性样品96批次，平均阳性率16.4%，阳性样品种类有各种规格的大黄鱼、黑鲷、金钱鲷、花尾胡椒鲷、军曹鱼、卵形鲳鲹和美国红鱼。2014年，局部地区发生了刺激隐核虫疫情。

九、动物疫病防控机制建设

（一）继续完善应急处置机制

2014年，农业部及地方各级政府继续完善重大动物疫情应急防控机制和应急体系，健全应急预备队和应急物资储备制度，加强应急演练和培训，提高应急处置能力。目前，各地均出台了本辖区重大动物疫病应急预案，覆盖全国的动物防疫应急预案体系基本建立。2014年，天津、河北、山东、黑龙江、吉林、青海、贵州、四川、湖南、广西和广东等诸多省份都分别举办了省级、市级或者县

图3-4　2014年青海省重大动物疫情应急演练

级突发重大动物疫情应急演练（图3-4）。此外，针对部分地区发生洪涝、泥石流、山体滑坡等灾害，超强台风“威马逊”重创海南、广东、广西、湖南等多个省区，四川康定县、云南鲁甸、景谷连续发生强烈地震等突发事件，农业部迅速反应，第一时间安排部署，派出多批工作组赶赴一线指导和督导应急处置工作，强化防控措施落实，成功实现了大灾之后无大疫。

（二）不断完善重大动物疫病防控定点联系制度

2014年，为进一步加强重大动物疫病防控，强化区域内联防联控，农业部印发《关于调整重大动物疫病防控定点联系制度工作组的通知》（农办医〔2014〕44号），对农业部重大动物疫病防控定点联系工作组进行调整充实。

重大动物疫病防控定点联系制度工作组分为重大动物疫病防控工作组和重大动物疫病防控疫苗监管组。重大动物疫病防控工作组设6个工作组，负责及时了解所联系省份重大动物疫病防控情况，督促落实重大动物疫病防控有关政策措施，指导扑灭重大动物疫情，协调建立联防联控机制等。重大动物疫病防控疫苗监管组设1个工作组，负责协调禽流感、口蹄疫等重大动物疫情疫苗应急生产、供应，对定点企业疫苗生产和质量进行监督检查，发生疫情时对疫苗使用情况及免疫失败原因进行调查，评估当地免疫程序等。2014年，农业部共派出141个督查组617人次，指导各地防控工作。

（三）继续实施区域化管理

2014年，农业部继续实施动物疫病区域化管理政策，积极探索动物疫病区域化管理模式，完善无疫区和生物安全隔离区法规标准，加快推进无规定动物疫病区和生物安全隔离区建设。

1. 修订完善无疫区和生物安全隔离区相关规章和技术规范

2014年，组织有关单位专家研究修订《无规定动物疫病区管理办法》《无规定动物疫病区管理技术规范》和《无规定动物疫病生物安全隔离区规范》等。

2. 加强监测和督查，维持无疫区无疫状态

根据2014年《国家动物疫病监测与流行病学调查计划》，继续在海南、辽宁和吉林永吉等3个免疫无口蹄疫区，广州无疫区及周边马匹活动区域进行监测。2014年11月，分别对海南、广州从化、吉林永吉3个无疫区开展了督查。

第四章
兽医行政执法

中国政府不断加强兽医行政执法工作，持续开展动物及其产品产地检疫和屠宰检疫，加强动物防疫条件审查和动物卫生监督执法，强化屠宰行业监管，推动建立病死畜禽无害化处理长效机制，加强兽医实验室生物安全监管，进行动物诊疗机构清理整顿，完善动物标识及动物产品可追溯体系建设，不断提升动物卫生及动物产品质量安全监管能力。

一、动物防疫监督

（一）动物和动物产品检疫

动物和动物产品检疫是《动物防疫法》授权动物卫生监督机构的行政许可行为。地方动物卫生监督机构依据《动物防疫法》《动物检疫管理办法》和动物检疫规程对动物及动物产品实施检疫，检疫合格的出具《动物检疫合格证明》。2014年，农业部继续组织在全国推行统一的动物检疫工作记录，实行动物检疫痕迹化管理，严格动物检疫程序，规范动物检疫合格证明填写。全国共对115.95亿头（只、羽）畜禽实施产地检疫，其中生猪、牛、羊、家禽和其他动物的产地检疫数量分别为4.73亿头、0.25亿头、0.77亿只、109.74亿只和0.46亿头（只），共检出病畜禽296余万头（只、羽）；全国共对63.67亿头（只、羽）畜禽实施屠宰检疫，其中检疫生猪3.69亿头、牛羊0.50亿头（只）、禽类59.34亿只和其他动物0.14亿头（只），共检出病畜禽590余万头（只、羽）。

（二）动物防疫条件审查

地方兽医主管部门依照《动物防疫法》和《动物防疫条件审查办法》，对辖区内的动物饲养场（养殖小区）、隔离场所、动物屠宰加工场所、动物及动物产品无害化处理场所的动物防疫条件进行审查，符合条件的颁发《动物防疫条件合格证》。2014年，全国共发放《动物防疫条件合格证》6.66万份。各级动物卫生监督机构负责辖区内通过动物防疫条件审核的以上场所的日常监督执法工作。

（三）动物卫生监督执法

1. 加强动物卫生监督行风建设

继续深入开展全国动物卫生监督执法行风规范行动，启动“全国动物卫生监督提素质、强能力行动”，进一步加强执法队伍建设，规范检疫出证和证章标识管理，全面提升各级动物卫生监督机构人员素质和工作能力。

2. 规范动物卫生监督执法行为

组织10个督查组赴16个省份开展动物检疫监督执法工作专项督查，对动物检疫监督各项法规落实情况、“六条禁令”落实情况、严格规范检疫出证情况、动物卫生监督执法案件处理情况、动物卫生证章标志管理情况等进行督查。对近年来发生的13起动物检疫监督执法违法违纪典型案例集中通报，以案说法，强化监管，进一步规范动物检疫和动物卫生监督执法行为。2014年，各级动物卫生监督机构共对全国8.93万个各类畜禽交易市场实施监督检查，对全国3万个屠宰场点进行监督检查；对140万个畜禽规模养殖场进行了监督检查。其中，在流通环节共监督检查畜类3.8亿头（只）、禽类21.0亿羽、动物产品653.53万吨。此外，2014年全国动物卫生监督执法工作中共查处各类违反《动物防疫法》案件近3万件，有力地保障了畜牧业健康发展和畜产品质量安全。

3. 加强兽医卫生监督执法信息化管理

开发动物检疫合格证明电子出证中央和省级软件平台，组织江苏、江西、新疆生产建设兵团等地开展动物检疫合格证明电子出证试点。

4. 加强动物卫生监督培训

2014年8月，在内蒙古自治区呼伦贝尔市举办了第三期全国动物卫生监督高级培训班，邀请相关专家对行政立法与行政执法、农业信息化及信息化前沿技术应用、科技创新与农业发展、非洲猪瘟风险分析与防控策略等进行了培训和交流。在湖北、内蒙古等地组织动物卫生监督业务培训，在云南省昆明市组织动物卫生监督信息统计培训。

（四）病死动物无害化处理

2014年，农业部进一步完善病死动物无害化处理机制，强化病死动物无害化处理监管工作。2014年，全国养殖环节规模场无害化处理的病死猪超过2 000万头。

1. 推动建立病死畜禽无害化处理长效机制

2013年，农业部在19个省份的212个县（市、区）启动了病死猪无害化处理长效机制试点工作，各地积极探索，逐步建立病死猪无害化处理有效运行机制、完善的病死猪收集体系、适宜的无害化处理方式等，建立无害化处理与保险联动的机制等。2014年，国务院出台了《关于建立病死畜禽无害化处理机制的意见》（国办发〔2014〕47号），提出按照推进生态文明建设的总体要求，以及时处理、清洁环保、合理利用为目标，坚持统筹规划与属地负责相结合、政府监管与市场运作相结合、财政补助与保险联动相结合、集中处理与自行处理相结合，建成覆盖饲养、屠宰、经营、运输等各环节的病死畜禽无害化处理体系，构建科学完备、运转高效的病死畜禽无害化处理机制的总体思路。同时，农业部积极做好宣传贯彻工作，召开宣传贯彻工作电视电话会议，组织编写《病死畜禽无害化处理100问》，印制无害化处理工作宣传挂图，开展病死畜禽无害化处理主题宣传，普及无害化处理法规政策，推动建立病死畜禽无害化处理机制。

2. 组织开展督导检查，落实属地管理责任

为进一步强化病死畜禽无害化处理监管工作，印发了《农业部办公厅关于加强病死动物无害化处理监管工作的紧急通知》（农办医〔2014〕9号），并先后组织两次病死畜禽无害化处理监督检查，共计13个督查组分赴25个省份，实地走访生猪规模养殖场、无害化处理场所、收集点等，了解病死猪无害化处理长效机制试点工作推进情况和无害化处理工作进展情况。

3. 建立“抛弃病死动物事件应对工作机制”

积极应对江西、福建、青海、山东、江苏等地陆续发生的漂浮死猪事件，督促地方及时妥善处理，做好信息发布工作。组织赴江西现场指导督促漂浮死猪无害化处理工作。

（五）动物诊疗机构清理整顿

为规范动物诊疗活动和兽医从业行为，提升动物诊疗机构和执业兽医从业服务水平，2014年在全国范围内组织开展了为期3个月的动物诊疗机构清理整顿活动，共查处动物诊疗机构违法案件410件，注销、关闭动物医院124家、动物诊所1 096家，注销兽医师执业证书486张。通过清理整顿，严厉打击了动物诊疗机构、执业兽医违法从业行为，依法取缔了非法动物诊疗机构，规范了动物诊疗机构管理，改善了动物诊疗市场秩序。

（六）动物标识及疫病可追溯体系建设

动物标识及疫病可追溯体系是以畜禽标识、养殖档案和防疫档案为基础，通过移动智能识读设备，在免疫注射、产地检疫、运输监督、屠宰检疫等环节进行信息采集、网络传输、计算机分析处理和移动智能识读设备查询、输出等一系列功能操作，从而实现动物疫病可追溯监管。2014年，农业部继续加强动物标识及疫病可追溯体系建设，推进基础设施建设，加强标识管理和数据传输，提升追溯工作的规范化和信息化水平。

1. 加快追溯体系基础设施建设

动物标识追溯中央数据中心建设项目集成上线并试运行，通过项目实施，有力增强了动物标识追溯体系建设的技术支持与服务能力。

2. 不断完善追溯体系考核评价指标

重点在省、市、县三级的组织机构建设、耳标及设备管理、信息采集传输、人员培训等方面明确考核指标、内容和评价方法，不断强化追溯体系在重大动物疫病溯源和动物产品质量安全监管方面的作用。

3．稳步推进标识佩戴和数据传输等工作

2014年，全国各地申请耳标7.39亿套，向中央数据中心传输各类信息1.51亿条。辽宁、内蒙古、新疆等省（自治区）结合本省信息化平台的应用，开展动物电子标识佩戴及信息传输等内容的试验。

4．积极开展业务培训

针对标识和识读器的生产厂商，以及各省的溯源业务骨干人员开展产品生产质量管控、溯源业务和互联网+等信息化知识培训4次260人次。各级追溯体系开展培训50余次，培训近万人。

二、兽医实验室生物安全监管

2014年，农业部继续加强病原微生物实验室生物安全管理，组织召开全国病原微生物实验室生物安全管理研讨会，研究菌毒种保藏、生物安全措施等有关问题；举办全国兽医系统实验室质量管理与生物安全培训班，研讨和培训实验室质量管理、安全管理方法等内容；严格开展高致病性病原微生物活动审核工作，批准了华南农业大学、扬州大学从事特定高致病性动物病原微生物实验活动；组织开展全国省级兽医系统实验室检测能力比对工作，全国31个省级和新疆生产建设兵团兽医实验室参加比对工作，4个比对项目中口蹄疫和禽白血病检测项目准确率为100%，H7N9亚型流感和猪蓝耳病检测项目准确率分别为93.8%和96.9%。加紧研究兽医实验室布局规划，研究国外实验室网络建设有关先进经验和OIE参考中心管理办法，为中国兽医参考实验室管理工作提供借鉴。

第五章

兽药生产与监管

中国兽药法律法规、技术标准和规范基本完善，兽药产品质量安全水平明显提升，兽药监管体系进一步健全，监管能力和水平进一步提高，兽药行业健康发展。2014年，农业部继续完善管理制度，优化工作机制，强化兽药质量监管，加强兽药监督执法，进一步规范兽药生产、经营和使用行为，兽药质量得到进一步提高。

一、兽药生产与研发

截至2014年年底，全国共有1 809家兽药生产企业，其中生物制品生产企业共82家，兽药产业产值约440亿元，销售额约407亿元，从业人员约16.5万人。兽药产业总体规模在逐步扩大，产值、销售额在逐年增长。

兽用生物制品企业共实现产值114.37亿元，产品以家畜和家禽的活疫苗和灭活疫苗为主。2014年，全国活疫苗生产能力约4 525亿羽（头）份，灭活疫苗生产能力约590亿毫升。兽用化学药品企业共实现产值325.18亿元，产品以抗微生物药、抗寄生虫药、解热镇痛抗炎药为主。抗微生物药生产能力11.6万吨，抗寄生虫药生产能力0.95万吨，解热镇痛抗炎药0.28吨。生产企业仍以小型企业和中小型企业为主，小型企业（年销售额在500万元以下）约占企业总数的37.5%，中型企业约占企业总数的51%，微型企业和大型企业（年销售额在2亿元以上）分别占企业总数的8.5%和3%。

2014年，兽药生产企业研发资金总投入27.28亿元，其中生药企业研发资金投入8.43亿元、化药企业研发资金投入18.85亿元。2014年，农业部共核发生物制品新兽药证书20个，其中一类1个、二类4个、三类15个，涉及口蹄疫、新城疫等近20种动物疫病；共核发化学药品新兽药证书34个，其中二类8个、三类13个、四类3个和五类10个。

二、兽药生产环节监管

（一）兽药GMP管理

2002年，农业部发布了《兽药生产质量管理规范》（兽药GMP），开始对兽药企业实施兽药GMP制度，建立了兽药行业准入和退出机制。近年来，农业部进一步完善兽药GMP管理，修订实施兽药GMP管理办法和检查验收评定标准，开展兽药GMP检查员培训和监督检查，强化GMP检查员队伍建设，持续派出检查组对相关企业进行现场检查验收。2014年，共对295个兽药生产企业核发《兽药GMP证书》和《兽药生产许可证》。

（二）兽药产品二维码追溯试点

建设完成国家兽药产品追溯信息系统，对兽药产品实施“二维码”标识，建立全国统一的追溯系统，实现对兽药产品生产、经营和使用的追溯管理。2014年2月，在河南省洛阳市举办全国兽药企业产品二维码追溯体系启动会，共有108家企业（含集团）参与了追溯系统生产试点应用工作，4家经营企业和2省区的监督执法及兽医行政管理部门参与了经营、监管功能的测试，13家设备商（含自动化集成商）、52家印刷企业参与了试点工作。截至2014年年底，追溯系统试点工作进展顺利，系统运行良好，为中国全面实施兽药质量安全追溯管理奠定了基础。

（三）重大动物疫病疫苗质量监管

2014年，农业部强化重大动物疫病疫苗监管，确保疫苗质量和供应。继续做好禽流感等重大动物疫病疫苗生产、供应及质量监管工作，实施春秋防督导、飞行检查和监督抽检等措施，确保重大动物疫病疫苗安全有效。2014年，重大动物疫病疫苗批签发率和粘贴防伪标签率均达到100%，共完成兽用生物制品监督抽检333批，合格326批，合格率97.9%。

（四）兽药质量监督抽检

2014年，农业部继续实施兽药质量监督抽检计划，强化抽检结果利用，组织开展假劣兽药查处活动，深入实施“检打”联动。2014年1月，农业部印发《2014年兽药质量监督抽检计划》，加强对重点环节、重点企业和重点产品的抽检比例，从兽药的生产、经营和使用环节抽取相关产品进行检验。2014年，全年共抽检兽药15 124批，合格14 415批，合格率为95.3%，同比提高2.1%。其中，生产环节共抽检2 590批，合格2 521批，合格率为97.3%（表5-1）。农业部按季度发布兽药监督抽检通报，完善兽药质量跟踪检测制度，建立健全部门、区域间沟通协调密切协作及联动监管等机制，加强对兽药监督抽样和检测人员培训，规范监督抽检行为，对假劣兽药依法实施查处，从重处罚，加大对兽药违法犯罪案件曝光力度，选择有影响的典型案例集中进行宣传报道，以案说法，开展警示教育。

表5-1 2014年全国兽药质量监督抽检情况

		第一季度	第二季度	第三季度	第四季度
鉴别抽检	抽检数量（批）	179	338	416	497
	合格数量（批）	173	320	382	470
	合格率（%）	96.6	94.7	91.8	94.6
监测抽检	抽检数量（批）	1 814	2 866	2 828	3 342
	合格数量（批）	1 745	2 375	2 695	3 162
	合格率（%）	96.2	95.4	95.3	94.6
跟踪抽检	抽检数量（批）	405	737	605	684
	合格数量（批）	384	713	585	666
	合格率（%）	94.8	96.7	96.7	97.4
定向抽检	抽检数量（批）	68	115	135	95
	合格数量（批）	66	111	121	87
	合格率（%）	97.1	96.5	89.6	91.6
合计	抽检数量（批）	2 466	4 056	3 984	4 618
	合格数量（批）	2 368	3 879	3 783	4 385
	合格率（%）	96.0	95.6	95.0	94.9

三、兽药经营环节监管

为加强兽药经营质量管理，保证兽药质量，在试点基础上，2009年起强制实施兽药经营准入制度。2010年，农业部颁布了《兽药经营质量管理规范》（GSP），对采购、储存和销售等兽药经营环节进行全过程质量控制。近年来，全国各地全力推进兽药GSP实施工作，开展兽药经营清理与规范行动，加强兽药经营执法检查，强化经营环节兽药抽检。2014年，经营环节共抽检兽药10 147批，合格9 634批，合格率为94.9%。

四、兽药使用环节监管

（一）建立处方药管理制度

2014年2月，农业部发布了《乡村兽医基本用药目录》；3月1日开始实施新发布的《兽药处方药和非处方药管理办法》《兽用处方药品种目录（第一批）》及《兽药产品说明书范本》。此后，农业部兽医局印发了贯彻实施通知，从实施意义、宣传培训、准备工作和情况反馈等几个方面对贯彻实施提出了要求。4月，农业部兽医局在黑龙江省哈尔滨市举办了“《兽用处方药和非处方药管理办法》暨兽药追溯系统建设培训班”，对兽药分类管理和兽药追溯系统建设等进行了研讨和培训。强化兽用处方药管理，加大兽药经营市场日常监管，严格兽药经营者凭兽医处方销售兽用处方药，规范养殖用药。

（二）加强兽药残留监控

农业部制定实施了《2014年动物及动物产品兽药残留监控计划》，继续开展兽药残留检测，加大抽检覆盖面，提高抽检频率，并对阳性样品实施追溯（表5-2、表5-3）。检测的畜禽动物组织包括鸡肉、鸡肝、鸡蛋、牛肉、牛奶、羊肉、猪肉、猪肝、猪尿共9种，检测的药物及有害化学物质包括己烯雌酚、氯霉素、地美硝唑/

甲硝唑及其代谢产物、硝基呋喃类代谢物、β-受体激动剂、同化激素、卡巴氧残留标示物、喹乙醇残留标示物、氟喹诺酮类、磺胺类、四环素类、β-内酰胺类、氨基糖苷类、林可胺类、阿维菌素类、泰乐菌素、替米考星、头孢噻呋、地塞米松、氯羟吡啶、地克珠利、尼卡巴嗪残留标示物、甲砜霉素、大环内酯类等共计24种（类）。样品覆盖除西藏外的30个省（自治区、直辖市）。2014年，全国共检测畜禽动物及其产品兽药残留样品13 164批，合格率为99.96%；不合格样品为2批猪肉产品和3批鸡肉产品，检出的超标物质分别为磺胺二甲嘧啶和氯霉素。此外，2014年还开展了蜂产品残留检测，共检测蜂产品250批，检测药物包括氯霉素、磺胺类、氟喹诺酮类、硝基咪唑类、硝基呋喃类代谢物、四环素类共计6种（类），合格率94.4%，超标样品14批。

表5-2　2014年动物性产品中兽药残留检测内容

动物	检测组织	检测数量（批）	残留检测药物
鸡	鸡蛋	526	氟喹诺酮类
	鸡肝	677	磺胺类、氯霉素、地美硝唑/甲硝唑
	鸡肉	3 236	地克珠利、氟喹诺酮类、磺胺类、己烯雌酚、氯霉素、氯羟吡啶、尼卡巴嗪残留标示物、四环素类、泰乐菌素、替米考星、硝基呋喃类代谢物
牛	牛肉	942	阿维菌素类、克仑特罗、同化激素、头孢噻呋
	牛奶	2 690	β-内酰胺类、阿维菌素类、氨基糖苷类、地塞米松、氟喹诺酮类、磺胺类、甲砜霉素、林可胺类和大环内酯类、氯霉素
羊	羊肉	258	磺胺类、氯霉素
猪	猪肝	621	β-受体激动剂、卡巴氧和喹乙醇残留标示物
	猪尿	265	β-受体激动剂
	猪肉	3 949	地美硝唑/甲硝唑、地塞米松、磺胺类、四环素类、头孢噻呋、氟喹诺酮类、替米考星、硝基呋喃类代谢物

表5-3　2014年动物性产品中兽药残留检测药物及化合物情况

检测药物及化合物	检测数量（批）
氟喹诺酮类	2 391
磺胺类	2 324
β-内酰胺类	1 027
氯霉素	975
四环素类	962
硝基呋喃类代谢物	927
β-受体激动剂类（含200批克仑特罗单品种）	891
地塞米松	728
头孢噻呋	566
阿维菌素类	428
替米考星	405
地美硝唑/甲硝唑及其代谢产物	211
卡巴氧和喹乙醇残留标示物	195
氯羟吡啶	162
泰乐菌素	161
甲砜霉素	160
同化性激素	151
氨基糖苷类	100
地克珠利	100
己烯雌酚	100
林可胺和大环内酯类	100
尼卡巴嗪残留标示物	100
合计	13 164

（三）兽用抗菌药物专项整治

2014年2月，农业部印发《2014年农产品质量安全专项整治方案》，组织开展“兽用抗菌药专项整治行动”等7个专项整治行动，重点加强养殖场（小区、户）用药安全监管，严厉打击滥用药物的违法行为。在生产环节，重点加大不按兽药国家标准违规生产行为的监管力度，特别是对擅自改变组方、违规添加禁用兽药、人用药品或其他药物违法行为的打击力度；在经营环节，重点规范兽用抗菌药特别是兽用处方药的经营活动，加大假劣兽用抗菌药查处力度，严肃查处无兽医处方擅自销售兽用处方药行为，开展兽用抗菌药标签说明书的清理整顿；在使用环节，重点加强兽用抗菌药，特别是兽用处方药的使用监管，加大督查指导和巡查工作力度，严厉打击超剂量、超范围用药、违规使用原料药、不执行休药期、无兽医处方使用兽用处方药等违法行为。

（四）细菌耐药性监测

2014年，农业部继续组织实施动物源细菌耐药性监测，摸清细菌耐药性现状和变化情况，预测细菌耐药性变化趋势，为制定兽药管理政策及规范、合理使用兽药提供科学依据。

2014年，中国兽医药品监察所、中国动物卫生与流行病学中心等有关单位在全国有关省市共采集样品12 247份，对大肠杆菌、肠球菌、沙门氏菌、金黄色葡萄球菌和空肠弯曲杆菌等进行了分离鉴定，并检测了这些细菌对8～13种抗菌药物的耐药情况，分析了最小抑菌浓度（MIC）和耐药特征。

五、兽医器械监管

近年来，农业部不断加强兽医器械监管，积极推动兽医器械立法、连续开展兽医器械质量安全普查、稳步推进兽医器械监督抽检和风险评估、不定期对二维码牲畜耳标实施监督检验等。2014年，兽医器械监督抽检兽医连续注射器、兽医金属注射器、兽医注射针、兽医运输冷藏箱共4个品种207份样品，其中兽医连续注射器46份、兽医金属注射器41份、兽医注射针99份和兽医运输冷藏箱21份，检测合格率分别为71.74%、68.29%、69.70%和19.05%，总体合格率为64.73%。

第六章 畜禽屠宰监管

畜禽屠宰监管职责调整是国务院机构改革和职能转变的重要内容，是食品安全监管体制改革的重要组成部分。2013年，生猪屠宰监管职能由商务部正式划归农业部。2014年，农业部积极推进屠宰管理体制改革和职能划转，推动畜禽屠宰监管职能调整。

一、推进畜禽屠宰监管职能调整

推进全国各地畜禽屠宰监管职能调整。印发《农业部关于做好畜禽屠宰监管职责调整过渡期有关工作的通知》（农医发〔2014〕1号）、《农业部办公厅关于加快推进畜禽屠宰监管职责调整工作的通知》（农办医〔2014〕47号）等一系列文件，召开全国畜禽屠宰监管工作座谈会和全国畜禽屠宰监管暨生猪屠宰专项整治工作会议等，加强督促检查，全面部署和推进全国畜禽屠宰监管职责调整。截至2014年年底，农业部与商务部生猪屠宰监管职责交接工作全部结束，兽医局加挂“农业部畜禽屠宰管理办公室”牌子，增设屠宰行业管理处；中国动物疫病预防控制中心加挂“农业部屠宰技术中心”牌子；全国省、市、县三级职责调整到位率分别为97%、51%、36%。

二、强化畜禽屠宰环节监管

强化畜禽屠宰环节监管，保障屠宰环节肉品质量安全。实施派驻官方兽医制度，开展生猪屠宰专项整治活动，加大生猪屠宰环节“瘦肉精”监督抽检力度，加强督促检查，严厉打击私屠滥宰、收购屠宰病死畜禽、注水或注入其他物质，以及饲喂“瘦肉精”等各类违法犯罪行为。2014年，全国共清理关闭1 387个不符合条件的生猪定点屠宰场，查处屠宰违法案件3 386个，屠宰环节监督抽检“瘦肉精”样本780余万份。

三、推进畜禽屠宰产业转型升级

组织起草《全国生猪屠宰行业发展规划纲要（2016—2025年）》，提出生猪屠宰行业发展目标任务、具体措施；加强政策调研，组织开展屠宰行业发展研究；加强屠宰法规标准规划建设，启动《生猪屠宰管理条例》修订工作，调整全国屠宰加工标准化技术委员会工作范围和部分委员，梳理畜禽屠宰行业国家标准和行业标准。

四、加强畜禽屠宰行业统计监测和宣传培训

建立生猪屠宰统计监测制度，印发《2014—2015年生猪等畜禽屠宰统计报表制度》，向有关部门报送生猪屠宰统计监测信息；在政务门户网站发布规模屠宰企业生猪收购价格和白条肉出厂价格信息、规模屠宰企业月度屠宰量等信息；研究整合生猪等畜禽屠宰统

计监测系统和全国屠宰行业管理信息系统。在内蒙古、安徽举办两期全国畜禽屠宰监督管理工作培训班，对500多名省、市级动物卫生监督机构负责人及业务骨干进行培训；通过新华社、中央电视台、农民日报、农业信息网等媒体，对屠宰行业监管和屠宰专项整治活动进行宣传报道。

第七章

国内外交流合作

2014年，中国继续推进兽医领域交流合作，认真履行动物卫生领域国际义务，深化与国际组织和其他国家的双边、多边交流合作，加强与我国港澳台地区交流合作，促进国内兽医事业健康发展，为全球动物卫生和公共卫生安全做出了应有贡献。

一、与国际组织的交流合作

（一）深化与OIE的交流合作

2014年，我国积极履行OIE成员义务，全面参与OIE相关活动。我国被OIE正式认可为疯牛病风险可忽略国家和非洲马瘟历史无疫国家，3个机构被认可为OIE参考中心。

1．积极履行作为OIE成员的国际义务

2014年，中国及时准确向OIE通报动物疫情信息，足额缴纳会费，并参加OIE举办的一系列会议和活动。2014年5月，农业部组团参加了OIE第82届国际代表大会，主持了亚太区委员会会议，并就2013年区域活动做专题报告；作为OIE东南亚–中国口蹄疫控制行动（SEACFMD）委员会执委会副主席国，参加SEACFMD主席副主席会、SEACFMD委员会第20次会议、SEACFMD第17次国家协调员会议；作为OIE全球跨境动物疫病防控框架（GF–TADs）区域执委会主席国，主持OIE亚太区动物疫病防控框架第八次执委会会议，参加GF–TADs第七次全球执委会并做区域工作报告。

2. 积极承办OIE相关会议

2014年4月，农业部兽医局与OIE亚太区区域委员会在北京联合举办了亚太区新任代表培训班（图7–1），来自OIE总部、亚太区区域办、东南亚次区域办，以及菲律宾、蒙古、印度和中国等10余个国家的代表参加了培训班。

图7–1 OIE亚太区新任代表培训班（北京）

2014年9月，农业部兽医局和中国农业科学院兰州兽医研究所在兰州共同承办了世界动物卫生组织（OIE）/日本信托基金（JTF）联合计划“亚洲口蹄疫控制计划”第三届协调委员会扩大会议，交流了2013—2014年口蹄疫流行情况及防控方面取得的进展，充分讨论了各方口蹄疫防控目标及路线图。

3. 跟踪和参与OIE动物卫生标准规则制修订

2014年，中国继续积极参与国际动物卫生标准制修订工作，在翻译出版发行《法典》《OIE PVS工具》等OIE出版物基础上，多次对OIE《陆生动物卫生法典》《陆生动物诊断试剂和疫苗手册》《水生动物卫生法典》《水生动物诊断试验手册》的修订内容及OIE《第六战略规划（2016—2020）》进行了评议，向OIE提交了有关评议意见和建议共56条，其中24条被OIE采纳。

4. 积极履行OIE参考中心职责

2014年5月，OIE第82届国际代表大会通过决议，认可中国动物卫生与流行病学中心国家外来动物疫病诊断中心为OIE小反刍兽疫参考实验室；认可吉林大学人兽共患病研究所为OIE亚太区食源性寄生虫病协作中心；认可中国动物卫生与流行病学中心为OIE兽医流行病学协作中心，与新西兰梅西大学联合承担OIE亚太区域兽医流行病学与公共卫生协作中心职责。截至2014年年底，中国共有12家OIE参考实验室及3家OIE协作中心。

2014年，各有关实验室积极履行OIE参考实验室和协作中心的职责，积极参加或承办OIE相关会议和培训班，如参加了“第三届OIE全球参考中心大会”“第20届OIE中国东南亚口蹄疫控制行动计划会议”“第9次OIE/FAO口蹄疫参考实验室网络会议”“OIE亚太区域第13次水生动物卫生会议”“动物福利国家联络人研讨扩大会议”等，承办了“亚洲猪病防控项目研讨会”“第三届新城疫和小反刍兽疫国际研讨会”“OIE东南亚地区狂犬病诊断培训班”等（图7-2至图7-4），向有关OIE成员提供标准品和检测试剂，参加有关实验室区域检测能力比对，完成有关OIE成员提交样品的检测确认，较好地履行了OIE参考中心（实验室）的职责。

图7-2　亚洲猪病防控项目研讨会（北京）

The International Symposium on Newcastle Disease and Peste des Petits Ruminants
Qingdao, 4-6 November 2014

图7-3　第三届亚太区新城疫国际研讨会（青岛）

图7-4　OIE东南亚地区狂犬病诊断培训班（长春）

5．参与OIE动物福利基金会相关工作

2014年，中国向OIE动物卫生与福利基金会追加捐款60万美元，累计捐款达80万美元，资助并启动OIE亚洲猪病防控项目，提高区域内猪病防控和诊断能力；参加OIE动物卫生与福利基金委员会会议，选派一名专家赴OIE亚太区代表处进行工作交流，深入参与OIE有关项目，推进中国与OIE的合作。此外，积极跟踪OIE动物福利相关工作，2014年11月派员参加了OIE在澳大利亚首都堪培拉召开的动物福利国家联络人研讨扩大会议（图7－5），做了《中国践行OIE动物福利标准的经验及挑战》的报告。

图7-5　OIE动物福利国家联络人研讨扩大会议（澳大利亚，堪培拉）

（二）加强与FAO的交流合作

2014年，中国在动物卫生领域继续加强与FAO的交流合作，召开第二届动物卫生领域合作磋商会，继续实施兽医现场流行病学培训项目（FETPV），开展非洲猪瘟风险防范项目等，不断提高中国动物疫病防控能力和水平。

1. 第二届动物卫生领域合作磋商会

2014年5月22—23日，农业部兽医局与FAO动物生产和卫生司在罗马FAO总部举行了第二届中国–FAO跨境动物疫病防控磋商会（图7–6），交流了中国和FAO在动物卫生领域工作基本情况，研讨了H7N9流感等公共卫生事件及小反刍兽疫等跨境动物疫病防控热点问题，明确了未来兽医事业合作方向和策略，一致同意在跨境动物疫病防控、兽医实验室网络完善和能力建设、小反刍兽疫等高风险外来疫病防范、兽医专家资源共享等方面加强合作。

图7–6　第二届动物卫生领域合作磋商会（意大利，罗马）

2. 继续与FAO合作实施兽医现场流行病学培训项目

2014年7月，分别举办了西部地区兽医流行病学基础培训班和兽医流行病学高级培训班暨第三届项目实施研讨会（图7–7），共有100余人参加了培训；2014年9月，第二期中国兽医现场流行病学培训项目顺利完成，来自国家和省级动物卫生机构的19名学员经过两年系统学习，圆满完成兽医流行病学学业课程，全部按期毕业（图

7－8）。2014年11月，第三期中国兽医现场流行病学培训项目基础培训班正式开班，40余名流行病学工作技术骨干参加了培训。

图7–7　兽医流行病学高级培训班暨第三届项目实施研讨会（北京）

图7–8　第二期中国兽医现场流行病学培训项目毕业典礼（青岛）

3．联合开展“中国非洲猪瘟防范项目”

2014年7月和11月，农业部与FAO驻华代表处分别在北京联合举办了“中国非洲猪瘟防范项目（ASF－TCP）启动会”和“非洲猪瘟防控政策磋商会”，分享经验、分析形势、交流防控政策和措施，加强联防联控机制建设和实验室诊断技术研究与储备，提升综合防控能力，共同研究推动中国非洲猪瘟防范工作，防范非洲猪瘟跨境传播。

4．联合实施“加强生物安全与开展市场价值链分析合作项目”

为提升中国活禽市场生物安全水平和疫病传播风险防范能力，农业部兽医局和FAO共同在湖南、云南和广西等3个省份开展《关于帮助广西、湖南、云南三省加强生物安全与开展市场价值链分析的合作项目》（OSRO/GLO/302/USA）。2014年9月，在湖南省长沙市召开了项目座谈会，就活禽批发市场的生物安全改造、活禽市场价值链风险评估等进行研讨交流，制订了开展活禽市场价值链分析调查方案。2014年12月，在云南省昆明市举办了活禽市场价值链评估及生物安全研讨会，就提高活禽市场生物安全、禽价值链构成和疫病风险分析等内容进行了研讨。

（三）与世界银行的交流合作

执行世界银行（以下简称世行）赠款中国新发传染病项目（三期）。2014年1月，世行赠款新发传染病项目布鲁氏菌病防控战略国际研讨会暨项目完工会在北京顺利召开（图7–9）。国内外专家围绕布鲁氏菌病流行病学研究和应对策略、诊断和实验室研究、防控疫苗研究、报告和监测、促进行为改变以降低风险等5个议题进行了

图7–9　世行赠款新发传染病项目布鲁氏菌病防控战略国际研讨会暨项目完工会（北京）

28场专题报告，进行了国内外专家集中座谈，形成国家布鲁氏菌病防控战略政策建议（草案）并通过大会审核。利用世界银行新发传染病项目选派5名兽医人员参加新西兰梅西大学流行病学培训，并已完成学业获得兽医硕士学位。

二、双边和多边交流合作

2014年，中国继续加强兽医领域的双边和多边交流合作，签署有关合作协议，加强信息交流，举办或参加研讨会、培训班等，不断提高动物疫病的联防联控能力。

（一）与周边国家交流合作

2014年8月20—22日，在FAO和亚洲开发银行资助下，中国、蒙古、俄罗斯三国政府兽医部门在内蒙古额尔古纳市召开跨境动物疫病防控研讨会。中蒙俄三方就口蹄疫、禽流感、布鲁氏菌病、非洲猪瘟等疫情形势进行了分析，就防控技术措施进行了交流。一致认为，要切实树立“同一世界、同一健康”理念，打破国家、部门、学科界限，整合、利用各方资源，加强双边多边兽医合作，有效应对不断出现的动物疫病风险挑战，保障公共卫生安全；在跨境动物疫病防控工作上，密切联防联控合作机制，加强三国动物疫病诊断技术和综合防控措施的合作研究，鼓励科研单位和兽医药品、兽用生物制品企业间开展交流合作。会议期间，农业部兽医局与蒙古，俄罗斯分别举行了双边会谈，就在边境地区联合监测，开展无规定动物疫病区和生物安全隔离区互认，促进动物及动物产品贸易等进行了深入交流。

2014年10月16日，中-老跨境动物疫病防控项目可行性考察会谈纪要签署仪式在老挝农林部畜牧渔业司举行。援老挝跨境动物疫病防控项目是为推动中国和老挝两国在跨境动物疫病防控方面合作的援外项目，项目主要场址确定在老挝万象市、琅南塔省和丰沙里省，其中在万象市将建跨境动物疫病检测和诊断实验室，在南塔省和丰沙里省各建一个跨境动物疫病监测站。

2014年11月14日，农业部部长韩长赋和缅甸畜牧水产和农村发展部部长吴翁敏共同签署了《中缅畜牧渔业合作谅解备忘录》，未来5年中方将为缅培训300名农业技术与管理人员，在云南设立中缅农业技术培训中心，在缅甸建设中缅农业技术示范中心和无规定动物疫病区，向缅甸提供小额农业贷款，推动中缅农业合作深入发展。

2014年9月1日，中乌合作委员会农业合作分委会第四次会议在乌克兰举行。会议总结了第三次分委会会议以来的各项工作，并探讨在渔业淡水养殖、菌类生产、兽医兽药等方面拓展合作的可能性。会后共同签署了《中华人民共和国政府和乌克兰政府关于动物卫生和检疫领域的合作协定》和《中乌合作委员会农业合作分委会第四次会议纪要》。

（二）中国和欧盟交流合作

继续实施欧盟第七框架项目（FP7）中欧跨界动物疫病和人畜共患病流行病学和实验室研究（LinkTADs）项目。2014年4月，FP7-LinkTADs项目研讨会在上海召开，围绕H5N1、H7N9亚型流感、非洲猪瘟、口蹄疫、布鲁氏菌病等重大动物疫病和人畜共患病的流行病学及防控技术进行了研讨。2014年6月，中国与丹麦联合举办第一次中丹兽医工作会，交流了双方动物疫病防控、耐药性风险管理等情况，研究下一步合作方向，提出要在畜产品质量安全管理与追溯、主要动物疫病净化与防控等重点领域，以及在OIE和CAC等相关国际兽医事务中加强交流和协调配合。此外，中国动物卫生与流行病学中心与德国联邦动物卫生研究所签订了合作备忘录，进一步加深了双方在兽医流行病学和风险评估等方面的合作。

（三）与其他国家交流合作

2014年6月，阿根廷农牧渔业部副部长访问中国，就进一步加强中阿农业合作交换意见。2014年7月，农业部韩长赋部长访问阿根廷，签署了《中华人民共和国农业部与阿根廷共和国农牧渔业部关于兽医卫生合作的谅解备忘录》，并就下一步阿根廷输华牛肉达成新的合作协议。

三、与我国港澳台地区的交流合作

（一）香港和澳门

农业部兽医局与我国香港、澳门分别在2014年4月和11月签署《中华人民共和国农业部与香港特别行政区政府食物及卫生局关于兽医合作的安排》和《中华人民共和国农业部与澳门特别行政区政府民政总署关于兽医合作的安排》，继续深化在兽医立法、执业兽医管理、信息交流、重大动物疫病和重点人畜共患病防控、无疫区建设和管理、国际兽医事务、人员培训等方面的交流合作（图7-10）。在申请OIE非洲马瘟历史无疫认证时，充分考虑香港、澳门诉求，积极与OIE总部协调，在统一颁发中国非洲马瘟历史无疫认证书的同时，以OIE总干事签署的信函证明香港、澳门无疫状况。向香港渔农自然护理署提供了禽流感病毒H7亚型（H7N9株）血凝抑制试验阳性血清。为澳门提供了禽流感防控政策措施、马流感等马病技术和动物狂犬病实验室诊断技术培训。

图7–10　农业部分别与香港和澳门签署兽医合作安排（北京）

（二）台湾

与台湾代表团就海峡两岸兽医领域交流合作、H7N9流感防控情况、候鸟迁徙与禽流感预警监测等议题进行深入交流研讨；派员参加2014年海峡两岸兽医管理及技术研讨会，交流两岸执业兽医、动物诊疗机构、动物防疫体系、兽药注册和重大动物疫病应急管理等情况；向台湾提供H5N2亚型禽流感病毒核酸序列、高致病性禽流感处置人员防护措施，以及狂犬病防控措施、口服疫苗及人员防护措施等。

附件一

国家级兽医实验室情况

为提升动物疫病防治和动物源性食品安全监管技术支撑能力，农业部认可了3个国家兽医参考实验室、4个国家兽医诊断实验室、4个国家兽药残留基准实验室；科学技术部在兽医领域批准建设3个国家重点实验室；农业部在兽医领域确定了综合性兽医重点实验室2个、专业性/区域性兽医重点实验室15个、农业科学观测实验站12个；OIE认可的参考中心共有15个。

一、国家兽医参考实验室

根据《国家兽医参考实验室管理办法》要求，截至2014年年底农业部共认可3个国家兽医参考实验室，分别是国家禽流感参考实验室、国家口蹄疫参考实验室和国家牛海绵状脑病参考实验室（附表1–1）。

附表1–1　国家兽医参考实验室

实验室名称	主要职责	实验室所在单位
国家禽流感参考实验室	分别承担禽流感、口蹄疫和牛海绵状脑病等相关疫病的基础研究、诊断技术研发、诊断试剂标化、疫病确诊、技术培训等工作	中国农业科学院哈尔滨兽医研究所（中国动物卫生与流行病学中心哈尔滨分中心）

（续）

实验室名称	主要职责	实验室所在单位
国家口蹄疫参考实验室	分别承担禽流感、口蹄疫和牛海绵状脑病等相关疫病的基础研究、诊断技术研发、诊断试剂标化、疫病确诊、技术培训等工作	中国农业科学院兰州兽医研究所（中国动物卫生与流行病学中心兰州分中心）
国家牛海绵状脑病参考实验室		中国动物卫生与流行病学中心

二、国家兽医诊断实验室

截至2014年年底，农业部共指定4个国家兽医诊断实验室，分别是新城疫诊断实验室、猪瘟诊断实验室、牛瘟诊断实验室和牛传染性胸膜肺炎诊断实验室（附表1-2）。

附表1-2　国家兽医诊断实验室

实验室名称	主要职责	实验室所在单位
国家新城疫诊断实验室	承担相关疫病的基础研究、诊断技术研发、诊断试剂标化、疫病诊断、技术培训等工作	中国动物卫生与流行病学中心
国家猪瘟诊断实验室		中国兽医药品监察所
国家牛瘟诊断实验室		中国兽医药品监察所
国家牛传染性胸膜肺炎诊断实验室		中国农业科学院哈尔滨兽医研究所（中国动物卫生与流行病学中心哈尔滨分中心）

三、国家兽药残留基准实验室

截至2014年年底，农业部依托有关单位技术优势，建设了4个国家兽药残留基准实验室（附表1-3）。

附表1-3　国家兽药残留基准实验室

依托单位	药物检测范围
中国兽医药品监察所	氟喹诺酮类、四环素类、β-受体激动剂类药物
中国农业大学动物医学院	阿维菌素类、磺胺类、硝基咪唑类、氯霉素和玉米赤霉醇类药物
华南农业大学	有机磷类、除虫菊酯类、β-内酰胺类、胂制剂和己烯雌酚类药物
华中农业大学畜牧兽医学院	喹啉类、硝基呋喃类、苯并咪唑类药物

四、国家兽医重点实验室

根据《国家重点实验室建设与运行管理办法》要求，截至2014年年底，科学技术部在兽医领域共批准建设3个国家重点实验室，分别是兽医生物技术国家重点实验室、家畜疫病病原生物学国家重点实验室和病原微生物生物安全国家重点实验室（附表1-4）。

附表1-4　国家兽医重点实验室

实验室名称	主要职责	实验室所在单位
兽医生物技术国家重点实验室	开展有关动物病原基因工程和细胞工程方面的研究，同时承担分子生物学方面的兽医基础理论研究	中国农业科学院哈尔滨兽医研究所（中国动物卫生与流行病学中心哈尔滨分中心）
家畜疫病病原生物学国家重点实验室	以家畜重大动物疫病为研究对象，针对病毒、细菌、寄生虫类疫病防治中的重大科学问题和关键技术，开展病原学及病原与宿主、环境相互作用规律的研究	中国农业科学院兰州兽医研究所（中国动物卫生与流行病学中心兰州分中心）
病原微生物生物安全国家重点实验室	以病原微生物生物安全为研究方向，重点开展病原微生物的发现、预警、检测和防御相关的理论和技术研究，包括病原微生物侦察、预警技术研究，病原微生物的快速检验、鉴定技术研究，新传染病的发现与追踪技术研究，重要病原微生物致病机理与防治基础研究等	中国人民解放军军事医学科学院微生物流行病研究所和生物工程研究所

五、农业部兽医重点实验室

根据《农业部重点实验室发展规划（2010—2015年）》和《农业部重点实验室管理办法》，2010—2011年农业部分两批组织开展了农业部重点实验室体系的布局和遴选工作。2011年，农业部确定了综合性重点实验室、专业性（区域性）重点实验室和农业科学观测实验站组成的30个学科群。其中，兽医领域主要有兽用药物与兽医生物技术学科群和动物疫病病原生物学学科群等2个学科群（附表1-5）。由于这两个学科群中的重点实验室和农业科学观测实验站存在交叉，再加上农产品质量安全学科群中也包括农业部兽药残留及违禁添加物检测重点实验室（中国农业大学）和农业部兽药残留检测重点实验室（华中农业大学）等2个兽药残留检测重点实验室，因此截至2014年年底，全国兽医领域共有农业部综合性兽医重点实验室2个、专业性/区域性兽医重点实验室15个、农业科学观测实验站12个。

附表1-5　兽用药物与兽医生物技术学科群

学科群	类别	名称	依托单位
兽用药物与兽医生物技术学科群	综合性重点实验室（1个）	农业部兽用药物与兽医生物技术重点实验室	中国农业科学院哈尔滨兽医研究所
	专业性/区域性重点实验室（8个）	农业部兽用药物创制重点实验室	中国农业科学院兰州畜牧与兽药研究所
		农业部兽用疫苗创制重点实验室	华南农业大学
		农业部兽用诊断制剂创制重点实验室	华中农业大学
		农业部兽用生物制品工程技术重点实验室	江苏省农业科学院
		农业部特种动物生物制剂创制重点实验室	军事医学科学院军事兽医研究所
		农业部渔用药物创制重点实验室	中国水产科学研究院珠江水产研究所

（续）

学科群	类别	名称	依托单位
兽用药物与兽医生物技术学科群	专业性/区域性重点实验室（8个）	农业部禽用生物制剂创制重点实验室	扬州大学
		农业部动物免疫学重点实验室	河南省农业科学院
	农业科学观测实验站（10个）	农业部兽用药物与兽医生物技术北京科学观测实验站	中国农业科学院北京畜牧兽医研究所
		农业部兽用药物与兽医生物技术天津科学观测实验站	天津市畜牧兽医研究所
		农业部兽用药物与兽医生物技术新疆科学观测实验站	新疆维吾尔自治区畜牧科学院
		农业部兽用药物与兽医生物技术陕西科学观测实验站	西北农林科技大学
		农业部兽用药物与兽医生物技术湖北科学观测实验站	湖北省农科院畜牧兽医研究所
		农业部兽用药物与兽医生物技术四川科学观测实验站	四川农业大学
		农业部兽用药物与兽医生物技术广西科学观测实验站	广西壮族自治区兽医研究所
		农业部兽用药物与兽医生物技术广东科学观测实验站	广东省农业科学院兽医研究所
		农业部动物疫病病原生物学华东科学观测实验站	山东农业大学
		农业部动物疫病病原生物学东北科学观测实验站	东北农业大学
动物疫病病原生物学学科群	综合性重点实验室（1个）	农业部动物疫病病原生物学重点实验室	中国农业科学院兰州兽医研究所
	专业性/区域性重点实验室（7个）	农业部动物病毒学重点实验室	浙江大学
		农业部动物细菌学重点实验室	南京农业大学
		农业部动物寄生虫学重点实验室	中国农业科学院上海兽医研究所
		农业部动物免疫学重点实验室	河南省农业科学院
		农业部动物流行病学与人畜共患病重点实验室	中国农业大学

（续）

学科群	类别	名称	依托单位
动物疫病病原生物学学科群	专业性/区域性重点实验室（7个）	农业部动物疾病临床诊疗技术重点实验室	内蒙古农业大学
		农业部兽用诊断制剂创制重点实验室	华中农业大学
	农业科学观测实验站（6个）	农业部动物疫病病原生物学华北区观测实验站	河北农业大学
		农业部动物疫病病原生物学东北科学观测实验站	东北农业大学
		农业部动物疫病病原生物学华东科学观测实验站	山东农业大学
		农业部动物疫病病原生物学西南科学观测实验站	云南省畜牧兽医科学院
		农业部兽用药物与兽医生物技术陕西科学观测实验站	西北农林科技大学
		农业部兽用药物与兽医生物技术新疆科学观测实验站	新疆维吾尔自治区畜牧科学院

六、OIE参考中心

截至2014年年底，中国的OIE参考中心已经达到15个，其中参考实验室12个、协作中心3个，分布于9家单位（附表1–6）。此外，中国农业科学院哈尔滨兽医研究所动物流感实验室也被认可为FAO动物流感参考中心。

附表1–6　中国拥有的OIE参考实验室和协作中心

序号	疫病领域	依托单位	认可年份
1	禽流感参考实验室	中国农业科学院哈尔滨兽医研究所	2008年
2	口蹄疫参考实验室	中国农业科学院兰州兽医研究所	2011年
3	马传染性贫血参考实验室	中国农业科学院哈尔滨兽医研究所	

（续）

序号	疫病领域	依托单位	认可年份
4	对虾白斑病参考实验室	中国水产科学研究院黄海水产研究所	2011年
5	传染性皮下与造血组织坏死症参考实验室	中国水产科学研究院黄海水产研究所	
6	鲤春病毒血症参考实验室	深圳出入境检验检疫局	
7	猪繁殖与呼吸障碍综合征参考实验室	中国动物疫病预防控制中心	2012年
8	新城疫参考实验室	中国动物卫生与流行病学中心	
9	狂犬病参考实验室	中国农业科学院长春兽医研究所	
10	亚太区人兽共患病协作中心	中国农业科学院哈尔滨兽医研究所	
11	羊泰勒虫病实验室	中国农业科学院兰州兽医研究所	2013年
12	猪链球菌病参考实验室	南京农业大学	
13	小反刍兽疫参考实验室	中国动物卫生与流行病学中心	2014年
14	兽医公共卫生与流行病学协作中心	中国动物卫生与流行病学中心	
15	亚太区食源性寄生虫病协作中心	吉林大学人兽共患病研究所	

附件二

设有兽医专业的高等院校

设有兽医专业的高等院校见附表2-1。

附表2-1　设有兽医专业的高等院校

高校名称	院校属性、特色	硕士博士学位授权
中国农业大学	教育部直属重点高校，1954年中央指定6所重点高校之一	博士一级学科授权
南京农业大学	教育部直属重点高校，一级学科国家重点学科	博士一级学科授权
华中农业大学	教育部直属重点高校	博士一级学科授权
吉林大学	教育部直属重点高校，二级学科国家重点学科	博士一级学科授权
东北农业大学	二级学科国家重点学科	博士一级学科授权
华南农业大学	二级学科国家重点学科	博士一级学科授权
扬州大学	省部共建高校，省属重点高校，卓越工程师教育培养计划高校，卓越农林人才教育培养计划高校，二级学科国家重点学科	博士一级学科授权
西北农林科技大学	教育部直属重点高校，二级学科国家重点学科	博士一级学科授权
甘肃农业大学	省部共建高校，省重点建设高校	博士一级学科授权
内蒙古农业大学	国家林业局和内蒙古自治区共建重点高校，中西部高校基础能力建设工程农业类高校	博士一级学科授权

（续）

高校名称	院校属性、特色	硕士博士学位授权
广西大学	省部共建高校，中西部高校提升综合实力计划建设高校	博士一级学科授权
四川农业大学	以生物科技为特色，农业科技为优势的高校	博士一级学科授权
山东农业大学	省属重点高校，山东特色名校工程，省部共建高校	博士一级学科授权
山西农业大学	省部共建高校	博士一级学科授权
河南农业大学	省部共建高校，2011计划牵头高校、特色重点学科项目建设高校	博士一级学科授权
黑龙江八一农垦大学	省属全日制普通高校	博士一级学科授权
湖南农业大学	“中西部高校基础能力建设工程”高校，省部共建高校	博士二级学科授权
吉林农业大学	省属重点高校	博士二级学科授权
浙江大学	教育部直属高校，省部共建共管，C9联盟	博士一级学科授权
贵州大学	省部共建高校，国家“中西部高校综合实力提升工程”高校之一	硕士一级学科授权
福建农林大学	省部共建高校，福建省重点建设高校	硕士一级学科授权
西南大学	省部共建高校，教育部直属重点高校	硕士一级学科授权
新疆农业大学	省属重点高校，国家林业局与新疆维吾尔自治区共建高校	硕士一级学科授权
安徽农业大学	省部共建高校，省属重点高校，中西部高校基础能力建设工程	硕士一级学科授权
云南农业大学	云南省省属重点高校	硕士一级学科授权
河北农业大学	省部共建高校，入选“中西部高校基础能力建设工程”的高校	硕士一级学科授权
江西农业大学	全国重点高校，入选“中西部高校基础能力建设工程”、省部共建高校	硕士一级学科授权
青岛农业大学	省属重点建设高校，山东特色名校工程	硕士一级学科授权
北京农学院	北京市属农林高校	硕士一级学科授权

（续）

高校名称	院校属性、特色	硕士博士学位授权
沈阳农业大学	“中西部高校基础能力建设工程”重点建设高校	无
天津农学院	天津市属普通本科高校	硕士一级学科授权
石河子大学	国家“中西部高校综合实力提升工程”高校之一，“中西部高校基础能力建设工程”重点建设高校，教育部和新疆生产建设兵团共建高校	硕士一级学科授权
东北林业大学	教育部直属重点高校	无
延边大学	“中西部高校基础能力建设工程”重点建设高校	硕士一级学科授权
河南科技大学	省属重点高校	硕士一级学科授权
宁夏大学	宁夏回族自治区人民政府与教育部共建的综合性大学，国家“中西部高校综合实力提升工程”高校之一	硕士一级学科授权
河南科技学院	省属普通本科院校	硕士一级学科授权
浙江农林大学	省属全日制本科院校	无
西南民族大学	教育部直属高校	硕士一级学科授权
长江大学	省部共建高校	无
西北民族大学	教育部属高校	硕士一级学科授权
西藏大学	西藏自治区人民政府与教育部共建高校	硕士二级学科授权
佛山科学技术学院	省属高等院校	硕士一级学科授权
河北北方学院	省属高等院校	硕士一级学科授权
内蒙古民族大学	国家民委和内蒙古自治区共建，省属重点高校	硕士一级学科授权
塔里木大学	省部共建高校	硕士一级学科授权
安徽科技学院	省属本科院校	无
安阳工学院	省市共建本科高校	无
广东海洋大学	国家海洋局、广东省人民政府共建高校	无

（续）

高校名称	院校属性、特色	硕士博士学位授权
海南大学	海南省人民政府与教育部、财政部共建高校	无
河北工程大学	省部共建高校	无
河北科技师范学院	省部共建高校	无
河南牧业经济学院	省属高等院校	无
菏泽学院	省属高等院校	无
长春科技学院	省属普通高校	无
吉林农业科技学院	省属普通高校	无
金陵科技学院	普通本科高校	无
辽宁医学院	省属普通高校	无
聊城大学	省属普通高校	无
临沂大学	省属普通高校	无
龙岩学院	省市共建高校	无
青海大学	省部共建高校	无
四川民族学院	省属高校	无
西昌学院	省属高校	无
信阳农林学院	省属高等院校	无
宜春学院	省属高校	无
辽东学院	省属高校	无
沈阳工学院	省属高校	无